GIS- und Satellitenbildgestützte Landnutzungsklassifikation mit Change detection im Westen der Côte d'Ivoire

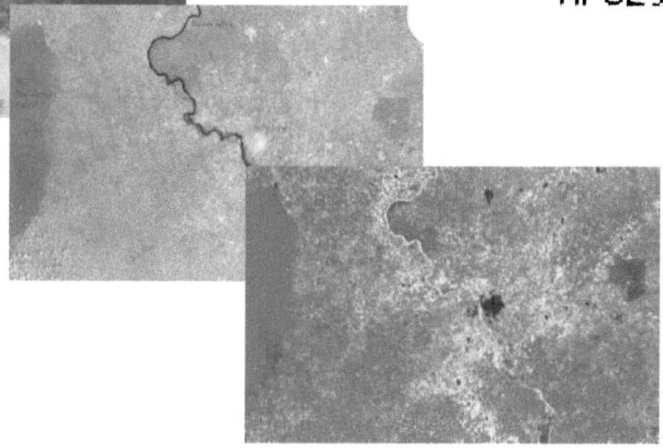

Claudia Sültmann

ERDSICHT - EINBLICKE IN GEOGRAPHISCHE UND GEOINFORMATIONSTECHNISCHE ARBEITSWEISEN

Schriftenreihe des Geographischen Instituts der Universität Göttingen, Abteilung Kartographie, GIS und Fernerkundung

Herausgegeben von Prof. Dr. Martin Kappas

1 *Claudia Sültmann*
GIS- und Satellitenbildgestützte Landnutzungsklassifikation mit Change detection im Westen der Côte d'Ivoire
ISBN 3-89821-356-0

2 *Katharina Feiden*
GIS - gestützte Analyse der zeitlichen und räumlichen Verteilung der Niederschlagsjahressummen (1961 - 1990) in der Dominikanischen Republik
Charakteristika und Trends
ISBN 3-89821-368-4

Claudia Sültmann

GIS- UND SATELLITENBILDGESTÜTZTE LANDNUTZUNGSKLASSIFIKATION MIT CHANGE DETECTION IM WESTEN DER CÔTE D'IVOIRE

ibidem-Verlag
Stuttgart

Bibliografische Information Der Deutschen Bibliothek

Die Deutsche Bibliothek verzeichnet diese Publikation in der Deutschen Nationalbibliografie; detaillierte bibliografische Daten sind im Internet über <http://dnb.ddb.de> abrufbar.

∞

Gedruckt auf alterungsbeständigem, säurefreien Papier
Printed on acid-free paper

ISBN: 3-89821-356-0

Printed in Germany

Vorwort des Herausgebers:

Die neue Reihe „Erdsicht – Einblicke in geographische und geoinformationstechnische Arbeitsweisen“ soll Forschungsergebnisse und Arbeiten im Bereich der Erdsystemforschung vorstellen. Die Betrachtung der Erde als System ist als Inhalt heutiger und zukünftiger geowissenschaftlicher Gemeinschaftsforschung dringend gefordert. Die Herausforderungen liegen zum einen in der Erforschung der grundlegenden Erdsystemprozesse sowie in der Erforschung der vielfältigen Interaktionen zwischen den verschiedenen Teilbereichen des Systems Erde. Hierzu zählen Wechselwirkungen zwischen fester Erde und Atmosphäre, zwischen der Landoberfläche und der Hydrosphäre oder zwischen Biosphäre, Hydrosphäre und Atmosphäre. Der Mensch steht dabei mit seinen zentralen Nutzungsansprüchen (Ernährung – agrare Landnutzung – Ressourcennutzung) im Mittelpunkt eines vielfach vernetzten Erdsystems. Der Mensch verändert Landschaften und Atmosphäre und greift somit in alle Skalenbereiche des Erdsystems ein. Insofern müssen diese Veränderungen beobachtet und bewertet werden, damit Konzepte für ein nachhaltiges Erdsystemmanagement auf den unterschiedlichen Raum- und Zeitskalen entwickelt werden können. Die neuen Geoinformationstechniken (Geographsiche Informationssysteme – GIS; luft- und satellitengestützte Fernerkundungssyteme) helfen dabei das System Erde zu beobachten und zu begreifen. Ohne diese Techniken ist eine ganzheitliche Betrachtung der Erde und eine flächenhafte Bereitstellung von Informationen über das Erdsystem nicht möglich.

Die vorliegende Arbeit von Frau Sültmann entstand am Geographischen Institut der Universität Göttingen in der Abteilung Landschaftsökologie (Prof. Dr. G. Gerold) und bedient sich moderner Satellitenaufnahmen, um den Landschaftswandel (insb. Nutzungswandel) im Westen der Elfenbeinküste in Westafrika zu bewerten. Methodisch wird hier eine „Change detection“, eine Zeitreihenanalyse unterschiedlicher Satellitenaufnahmen, durchgeführt. Thematisch beschäftigt sich die Arbeit mit der Bewertung des Landnutzungswandels in verschiedenen Zeitskalen und deren Auswirkung auf ein sehr fragiles Ökosystem in den Tropen.

Diese Arbeit bildet den Auftakt zu einer Folge von Arbeiten, welche die Geographie stärker als Systemwissenschaft mit besonderer gesellschaftlicher Relevanz sehen.

Martin Kappas

Inhaltsverzeichnis

1. Einleitung 1

2. Theoretische Grundlagen der Fernerkundung 3

2.1 Definition 3

2.2 Spektralbereiche 3

2.3 Aufnahmetechnik 5

2.4 Satellitensysteme 6

2.4.1 Landsat 7

2.4.2 Weitere Satellitensysteme 9

3. Untersuchungsgebiet 11

3.1 Geographische Lage 11

3.2 Klima 11

3.3 Geologie und Böden 13

3.4 Natürliche Vegetation 14

3.5 Landwirtschaft 15

3.5.1 Agrarkolonisation 16

3.5.2 Betriebsformen 17

3.5.3 Kulturpflanzen 20

3.5.3.1 Cash-Crops (Exportkulturen) 20

3.5.3.2 Food-Crops (Nahrungsmittelkulturen) 23

4. Datengrundlage und Methodik

4.1 Datenmaterial 25

4.2 Geländearbeit 28

4.2.1 Global Positioning System (GPS) 29

4.2.2 Aufnahme von Trainingsgebieten 30

4.3 Datenbearbeitung 30

4.3.1 Datenvorverarbeitung 31

4.3.1.1 Geometrische Entzerrung 31

4.3.1.2 Festlegung des Untersuchungsgebietes 32

4.3.2 Bildverbesserung 32

4.3.2.1 Auswahl der Kanalkombination für die visuelle Interpretation 32

4.3.2.2 Filter- und Kontrastverbesserungen 33

4.3.2.3 Normalized Difference Vegetation Index (NDVI) 34

4.3.2.4 Kombination mehrerer Spektralkanäle für die Auswertung 35

4.3.3 Auswertung ____ 36

4.3.3.1 Festlegung der Trainingsgebiete ____ 36

4.3.3.2 Klassifikation ____ 49

4.3.3.2.1 Unüberwachte Klassifikation ____ 50

4.3.3.2.2 Überwachte Klassifikation ____ 51

4.3.3.3 Change Detection ____ 52

5. Ergebnisinterpretation und Diskussion ____ 54

5.1 Ergebnisse der Landnutzungsklassifikation ____ 54

5.2 Genauigkeitsauswertung der Klassifikationsergebnisse ____ 59

5.2.1 Trennbarkeit der Spektralklassen ____ 59

5.2.2 Confusion Matrix ____ 63

5.3 Ergebnisse der Change Detection-Analyse ____ 71

5.4 Interpretation und Diskussion der Ergebnisse ____ 75

5.4.1 Landnutzung im Untersuchungsgebiet ____ 75

5.4.2 Waldtypen im Untersuchungsgebiet ____ 80

5.4.3 Siedlungsflächen und Gewässer im Untersuchungsgebiet ____ 81

6. Zusammenfassung ____ 84

7. Kritische Schlussbetrachtung - Ausblick ____ 86

8. Literaturverzeichnis ____ 88

Abbildungsverzeichnis i

Tabellenverzeichnis ii

Photoverzeichnis iii

Abkürzungsverzeichnis iv

Anhang

Anhang I: Photos 17 bis 22

Anhang II: Gesamte Szenen 1986 und 2001 in der Kanalkombination 3-2-1

Anhang III: NDVI-Darstellung der Datensätze von 1986 und 2001

Anhang IV: Deskriptive Statistik der Datensätze von 1986 und 2001

Anhang V: Unüberwachte Klassifikation der Szene von 1986 und 2001 mit 48 Clustern

Anhang VI: Zusammenfassung der 48 berechneten Cluster der Daten von 1986 und 2001 in 7 Klassen

Abbildungsverzeichnis

Abb. 1: Spektrale Charakteristik von a) Energiequellen, b) atmosphärischer Transmission und c) verschiedenen Fernerkundungssystemen (Quelle: LILLESAND & KIEFER 2000: 11)

Abb. 2: Spektrale Reflexion von Vegetation, Boden und Wasser (Quelle: LILLESAND & KIEFER 2000: 17)

Abb. 3: Lage des Untersuchungsgebietes in der Côte d'Ivoire

Abb. 4: Gesamte Szene des Landsat-5 TM vom 16.01.1986 (Kanalkombination 4-5-3) mit Markierung des Untersuchungsgebietes

Abb. 5: Gesamte Szene des Landsat-7 ETM+ vom 18.02.2001 (Kanalkombination 4-5-3) mit Markierung des Untersuchungsgebietes

Abb. 6: Darstellung des Untersuchungsgebietes der Szene vom 16.01.1986 in der Kanalkombination 4-5-3 mit den ausgewählten Trainingsflächen

Abb. 7: Darstellung des Untersuchungsgebietes der Szene vom 18.02.2001 in der Kanalkombination 4-5-3 mit den ausgewählten Trainingsflächen

Abb. 8: Mittlere Grauwerte der Trainingsgebiete vom Datensatz 2001

Abb. 9: Mittlere Grauwerte der Trainingsgebiete vom Datensatz 1986

Abb. 10: Methodische Arbeitsschritte

Abb. 11: Kombinierte unüberwachte Klassifikation vom16.01.1986

Abb. 12: Kombinierte unüberwachte Klassifikation vom 18.02.2001

Abb. 13: Überwachte Klassifikation vom 16.01.1986

Abb. 14: Überwachte Klassifikation vom 18.02.2001

Abb. 15: Vorkommen der Cash-Crops der Satellitenbildszene vom 16.01.1986

Abb. 16: Vorkommen der Cash-Crops der Satellitenbildszene vom 18.02.2001

Abb. 17: Verteilung der 1986 und 2001 existierenden Cash-Crop-Flächen

Abb. 18: Vorkommen der Waldflächen der Satellitenbildszene vom 16.01.1986

Abb. 19: Vorkommen der Waldflächen der Satellitenbildszene vom 18.02.2001

Abb. 20: Verteilung der 1986 und 2001 existierenden Waldflächen

Tabellenverzeichnis

Tab. 1: Eigenschaften der Landsat-Satelliten

Tab. 2: Landsat TM- und ETM+-Kanäle und deren Anwendungspotenzial

Tab. 3: Ökophysiologische Anbaubedingungen von Kakao

Tab. 4: Ökophysiologische Anbaubedingungen von Kaffee

Tab. 5: Ökophysiologische Anbaubedingungen von Hevea

Tab. 6: Ökophysiologische Anbaubedingungen von Ölpalme

Tab. 7: Angaben der zur Verfügung stehenden Satellitenbildszenen

Tab. 8: Interpretationsschlüssel der Falschfarbenkomposite 4-5-3

Tab. 9: Trainingsgebiete der jeweiligen Klassen beider Datensätze und deren Größe in ha

Tab. 10: Ergebnis unüberwachte Klassifikation des Satellitenbildes vom 16.01.1986

Tab. 11: Ergebnis unüberwachte Klassifikation des Satellitenbildes vom 18.02.2001

Tab. 12: Ergebnis überwachte Klassifikation des Satellitenbildes vom 16.01.1986

Tab. 13: Ergebnis überwachte Klassifikation des Satellitenbildes vom 18.02.2001

Tab. 14 Trennbarkeit der Spektralklassen vom 16.01.1986 nach Jeffries-Matusita

Tab. 15: Trennbarkeit der Spektralklassen vom 18.02.2001 nach Jeffries-Matusita

Tab. 16: Confusion Matrix: Unüberwachte Klassifikation des Datensatz vom 16.01.1986

Tab. 17: Confusion Matrix: Überwachte Klassifikation des Datensatz vom 16.01.1986

Tab. 18: Confusion Matrix: Unüberwachte Klassifikation des Datensatz vom 18.02.2001

Tab. 19: Confusion Matrix: Überwachte Klassifikation des Datensatz vom 18.02.2001

Tab. 20: Prozentualer Vergleich der Flächenanteile einzelner Klassen zwischen 1986 und 2001

Photoverzeichnis

Photo 1	Brandrodungsfläche (16.01.2002)
Photo 2	Rodungsfläche (16.01.2002)
Photo 3	Ölpalmenplantage (08.10.2001)
Photo 4	Kakao (06.01.2002)
Photo 5	Kaffee (06.01.2002)
Photo 6	Hevea (21.11.2001)
Photo 7	Hevea (21.11.2001)
Photo 8	Hevea (21.11.2001)
Photo 9	Ölpalme (21.11.2001)
Photo 10	Brachefläche (17.01.2002)
Photo 11	Mischnutzung (Reis, Mais, Gemüse) (21.11.2001)
Photo 12	Mischnutzung (Ölpalme, Gemüse, Kakao-Jungpflanzen) (Juli 2002, E. Fischer)
Photo 13	Primärwald - Taï-Nationalpark (Ansicht vom Mont Niénokoué) (19.01.2002)
Photo 14	Sekundärwald (16.01.2002)
Photo 15	Ufervegetation des Sassandra (23.01.2002)
Photo 16	Siedlung (Sagboya - V6) (27.01.2002)
Photo 17	Reisanbaufläche (12.01.2002)
Photo 18	Maisfeld (mit Reis-Untersaat) (24.01.2002)
Photo 19	Kleinparzellige Bananenplantage (24.01.2002)
Photo 20	Yam-Anbau (Juli 2002, E. Fischer)
Photo 21	Teak-Aufforstung (23.01.2002)
Photo 22	Teak (23.01.2002)

Abkürzungsverzeichnis

Satellitenfernerkundung

BSQ	Band-Sequential-Format
EO-1	Earth Orbiter
ENVI	The Environment for Visualizing Images
ERTS-1	Earth Resource Technology Satellite
GCP	Ground Control Points
GIS	Geographisches Informationssystem
GOES	Geostationary Operational Environmental Satellites
GPS	Global Positioning System
HDDT	High Density Digital Tape
HDF	Hierarchical Data Format
IRS	Indian Remote Sensing
ISODATA	Iterative Self-Organizing Data Analysis Technique
JM	Jeffries-Matusita
NDVI	Normalized Difference Vegetation Index
NMP	New Millennium Program
RGB	Rot, Grün, Blau
SPOT	Système Pour l'Observation de la Terre
UTM	Universal Transverse Mercator
WGS	World Geodetic System
WWRS	World Wide Reference System

Spektralbereiche

MIR	mittleres Infrarot
MS	multispektral
NIR	nahes Infrarot
PAN	panchromatisch
SWIR	kurzwelliges Infrarot
THIR	thermales Infrarot
VIS	sichtbares Licht: Blau, Grün, Rot

Sensoren

ALI	Advanced Land Imager
ETM +	Enhanced Thematic Mapper Plus
HRV	High resolution visible
HRVIR	High resolution visible and infrared
LISS	Linear Imaging Self-scanning Sensor
MSS	Multispectral
RBV	Return Beam Vidicon
TM	Thematic Mapper
WiFS	Wide Field Sensor

Organisationen / Institutionen

A.N.A.M.	Agence National des Aérodromes et de la Météorologie
BMZ	Bundesministerium für wirtschaftliche Zusammenarbeit
CIA	Central Intelligence Agency
CURAT	Centre Universitaire de Recherche et d'Application en Télédetection
DFG	Deutsche Forschungsgemeinschaft
EOSAT	Earth Observation Satellite Company
FAO	Food and Agricultural Organization of the United Nations
GTZ	Deutsche Gesellschaft für Technische Zusammenarbeit
ISRIC	International Soil Reference and Information Center
ISSS	International Society of Soil Sciences
KfW	Kreditanstalt für Wiederaufbau
NASA	National Aeronautics and Space Administratory
NOAA	National Oceanic and Atmospheric Administration
SODEFOR	Société pour le Développement de la plantations Forestière
SODEPALM	Société pour le Développement de l'Exploitation du Palmier à Huile
TRFIC	Tropical Rain Forest Information Center
UNESCO	United Nations Educational, Scientific and Cultural Organization

Einheiten

°C	Grad Celsius
cm	Zentimeter
cm^2	Quadratzentimeter
ha	Hektar

J	Joule
km	Kilometer
km^2	Quadratkilometer
m	Meter
min.	Minute
mm	Millimeter
nm	Nanometer
µm	Mikrometer
t	Tonne

Allgemeine Abkürzungen

Abb.	Abbildung
BIP	Bruttoinlandsprodukt
ca.	circa
d.h.	das heißt
Ew.	Einwohner
ff.	folgende
ITC	Innertropische Konvergenzzone
KAK	Kationenaustauschkapazität
Kap.	Kapitel
max.	Maximum
min.	Minimum
N	Nord
Nr.	Nummer
s.	siehe
S	Süd
S.	Seite
Stdev	Standardabweichung
Tab.	Tabelle
u.	und
u.a.	unter anderem
ü NN	über Normal Null
v.a.	vor allem
z.B.	zum Beispiel
z.T.	zum Teil

1. Einleitung

Die vorliegende Studie „GIS- und Satellitenbildgestützte Landnutzungsklassifikation mit Change detection im Westen der Côte d'Ivoire" ist im Rahmen des von der DFG und dem BMZ geförderten Projektes „Charakterisierung des Nährstoffhaushaltes eines Einzugsgebietes im Westen der Côte d'Ivoire - Entwicklung einer Methodologie zur objektiven Bewertung der Wasserqualität in den Tropen" entstanden.
Das Kooperationsprojekt der Abteilung Landschaftsökologie des Geographischen Instituts der Georg-August-Universität Göttingen (Prof. Dr. Gerold) und dem Centre Universitaire de Recherche et d'Application en Télédetection (CURAT) der Universität Cocody-Abidjan (Prof. Dr. J. Biemi), wurde im April 2001 initiiert und wird voraussichtlich im Jahre 2004 zum Abschluss kommen.

Eines der Hauptziele des Projektes ist die Untersuchung des Nährstoffhaushaltes des Hana-Einzugsgebietes, das weite Teile des Taï-Nationalparks und die östlich angrenzende landwirtschaftlich geprägte Region einnimmt. Die Klassifikation der Landnutzung dieser Region ist demnach für das Projekt von zentraler Bedeutung und fließt zusammen mit den Ergebnissen aus der Befragung der lokalen Bevölkerung hinsichtlich Anbaukulturen, Parzellengrößen und Bearbeitungsmethoden und dem Einsatz von Agrochemikalien in die Beurteilung des Einflusses der Landnutzung auf den Nährstoffhaushalt ein. Der Südwesten der Côte d'Ivoire ist seit der Unabhängigkeit von 1960 zum wichtigsten Siedlungsraum des Landes geworden, so dass neben der Klassifikation ein zeitlicher Vergleich der Räume der Landnutzung in diesem Gebiet von großem Interesse ist. Die Fernerkundung stellt hier eine gute Methode zur Erfassung des großräumigen Gebietes dar.

Für die Studie standen drei Satellitenbildszenen des Satellitensystems Landsat aus den Jahren 1986 (Landsat-5 TM) und 2001 (Landsat-7 ETM+) für den südwestlichen Bereich der Côte d'Ivoire zur Verfügung. Durch den Geländeaufenthalt vom 08.11.2001 bis 07.02.2002 konnten in einem Radius von ca. 20km um Soubré, und vor allem im Gebiet bis zur östlichen Grenze des Taï-Nationalparks, detaillierte Daten über die Landnutzung mittels eines Global Positioning Systems (GPS) aufgenommen werden. Neben den generell relevanten und repräsentativen Objekten einer Klassifikation (Städte, Dörfer, asphaltierte Straßen, Pisten und

Gewässer) sind im gewählten Ausschnitt Plantagen, kleinbäuerliche Pflanzungen, Bracheflächen und mit dem Taï-Nationalpark eine geschützte Primärwaldfläche vorhanden.

Ziel dieser Studie ist zum einen eine Landnutzungsklassifikation anhand von Landsat-Szenen aus den Jahren 1986 und 2001 unter Einbeziehung von Ground Check-Daten. Zum anderen soll die Landnutzungsveränderung (Change Detection) innerhalb dieser Zeitspanne erfasst werden.

In den folgenden Kapiteln werden zunächst grundlegende Begriffe und Zusammenhänge der Methodik der Fernerkundung kurz erläutert, da diese ein wesentliches Hilfsmittel dieser Studie ist. Darauffolgend wird das Untersuchungsgebiet vorgestellt, die Datengrundlage und Methodik erklärt und abschließend die gewonnenen Ergebnisse dargestellt, interpretiert und diskutiert.

2. Theoretische Grundlagen der Fernerkundung

Die Methoden der Fernerkundung bilden einen wesentlichen Bestandteil dieser Studie, weshalb grundlegende Begriffe und Zusammenhänge näher erläutert werden. Der Fokus liegt dabei auf dem Satellitensystem Landsat, dessen Daten in der vorliegenden Studie ausschließlich verwendet wurden.

2.1 Definition

Die Fernerkundung (Remote Sensing) wird mittlerweile nicht mehr nur für militärische Zwecke eingesetzt, sondern auch in angewandten Fragestellungen. Beispiele hierfür sind Stadt- oder Verkehrsplanung, Umweltschutz und -monitoring und innerhalb der Wissenschaft z.B. in der Geologie, der Land- und Forstwirtschaft, der Archäologie und, wie auch im Rahmen dieser Arbeit, in der Landschaftsökologie.
LILLESAND & KIEFER (2000:1) definieren Fernerkundung folgendermaßen: "Remote sensing is the science and art of obtaining information about an object, area, or phenomenon through the analysis of data acquired by a device that is not in contact with the object, area, or phenomenon under investigation".

2.2 Spektralbereiche

Die elektromagnetische Strahlung, d.h. die Energieabgabe von Materiekörpern, dient bei der Fernerkundung als Informationsträger. Bei der Interaktion zwischen elektromagnetischer Strahlung und Materie wird die Strahlung vom Objekt reflektiert, absorbiert oder transmittiert. Das Reaktionsverhalten der Strahlung ist von der Wellenlänge und der Oberflächenstruktur des Materials abhängig.
Bei der Satellitenfernerkundung sind nur bestimmte Wellenlängenbereiche des Strahlungsspektrums nutzbar. Die Gamma- (< 0,03nm), Röntgen- (0.03 - 3,0nm) und Ultraviolettstrahlung (0,03 - 0,4µm) wird in der Atmosphäre absorbiert und ist somit für die Fernerkundung nicht relevant.
Nutzbare Wellenlängenbereiche sind die "atmosphärischen Fenster", die aufgrund von Absorptionseigenschaften der vorhandenen Gase (v.a. Wasserdampf, Kohlendioxid und Ozon) einen hohen Transmissionsgrad haben (KAPPAS 1994). In diesen Spektralbereichen

kann die terrestrische Strahlung die Atmosphäre durchdringen und für die Fernerkundung genutzt werden. Für die verwendeten Satellitenbilddaten sind die atmosphärischen Fenster der Wellenlängenbereiche des sichtbaren Lichtes (VIS) und nahen Infrarotes (NIR) zwischen 300 und 2.500nm, des mittleren (MIR) von 3.000 bis 5.000nm und des thermalen Infrarotes (THIR) zwischen 8.000 bis 13.000nm (s. Abb. 1) relevant, die bei Landsat mittels passiver Sensoren (s. Kap. 2.3) aufgenommen werden. Generell können in der Fernerkundung auch die Mikro- (0,1 - 30cm) und Radiowellen (> 30cm) mit Hilfe aktiver Sensoren genutzt werden.

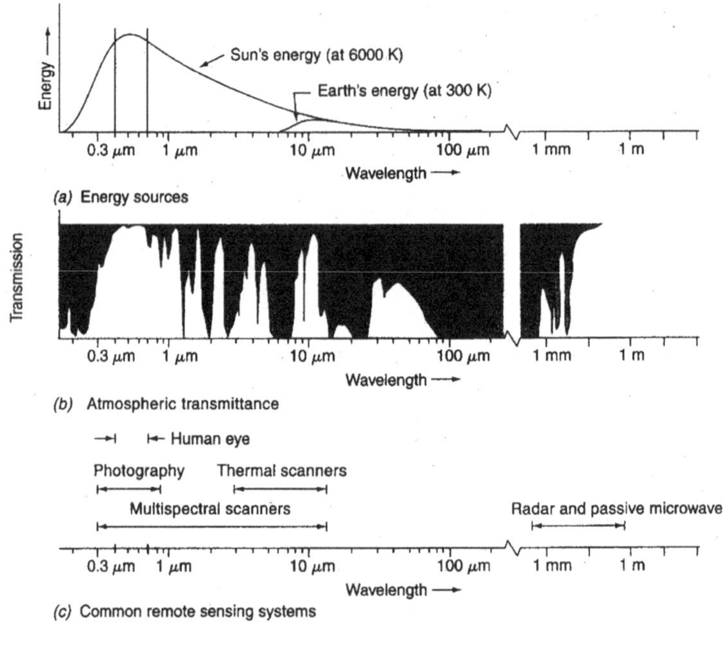

Abb. 1: Spektrale Charakteristik von a) Energiequellen, b) atmosphärischer Transmission und c) verschiedenen Fernerkundungssystemen (Quelle: LILLESAND & KIEFER 2000: 11)

Die spektralen Eigenschaften von Pflanzen ermöglichen Aussagen über den Zustand des Pflanzenbestandes und helfen bei der Unterscheidung der Pflanzenarten bzw. der Landnutzung. Typische spektrale Charakteristika gesunder, grüner Vegetation sind die

Reflexion von ca. 40 - 50% der Energie im NIR und die Absorption von ca. 80 - 90% der Energie im VIS (0,35 – 0,7µm) durch das Chlorophyll in den Pflanzen (Abb. 2). Eine Ausnahme ist das grüne VIS (0,52 – 2,60µm), das einfallendes Licht weniger stark absorbiert und somit ein hohes Rückstrahlungsvermögen besitzt. Geschädigte Pflanzen reflektieren gegenüber gesunder Vegetation mehr Energie im VIS aber weniger im NIR. Wichtige Einflüsse auf das Reflexionsverhalten der Vegetation nehmen u.a. deren Blattfläche, die Zusammensetzung der Pflanzendecke sowie die prozentuale Bodenbedeckung, d.h. generell biophysikalische Parameter der Pflanze und des Bodens (ANHUF 1997; JENSEN 1996; KAPPAS 1994; LILLESAND & KIEFER 2000).

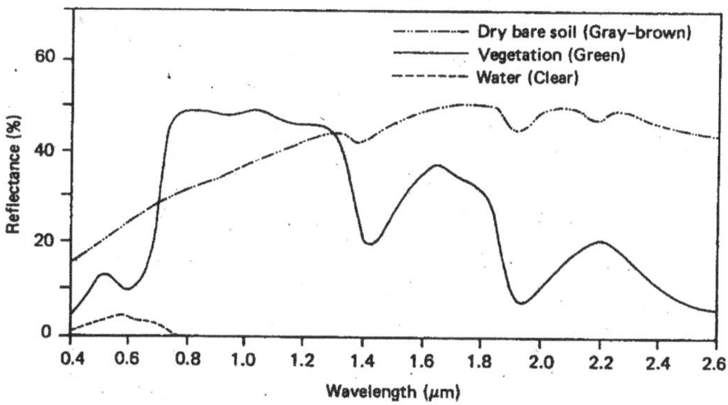

Abb. 2: Spektrale Reflexion von Vegetation, Boden und Wasser (Quelle: LILLESAND & KIEFER 2000: 17)

2.3 Aufnahmetechnik

Die Informationen über die Erdoberfläche werden bei der Fernerkundung über die von der Erde reflektierte oder emittierte elektromagnetische Strahlung gewonnen. Die Strahlung fungiert dabei als Übertragungsmedium zwischen dem aufzunehmenden Objekt (z.B. Agrarflächen) und der Sensorplattform (Satellit). Es können aktive und passive Sensoren unterschieden werden: aktive Sensoren sind z.B. Radar oder Lidar, die Wellenlängen nutzen, die nicht von der Erdatmosphäre beeinflusst werden. Passive Sensoren, z.B. Scanner, nehmen die natürlich auftretende elektromagnetische Strahlung, die von der Erde reflektiert oder emittiert wird auf. Die bei Landsat benutzten passiven Sensoren sind opto-mechanische

Scanner (Zeilenabtaster), die die reflektierte oder emittierte Strahlung der Objekte bildpunktweise in quer zur Flugrichtung verlaufenden Streifen aufnehmen. Der Vorteil der Scanner ist, dass es sich um digitale Aufzeichnungen handelt und ein großer Spektralbereich abgedeckt wird, nachteilig wirkt sich u.a. die geometrische Verzerrung aus (HILDEBRANDT 1996; KAPPAS 1994; LILLESAND & KIEFER 2000).

Den Sensoren dienen spektral sensible Detektoren, die die elektromagnetischen Wellen in verschiedenen sensorspezifisch definierten Wellenlängenbereichen (Kanäle) aufnehmen. Diese werden in physikalisch messbare und speicherbare elektronische Signale transformiert und getrennt für die einzelnen Kanäle und Bildelemente digital kodiert. Bei Landsat nehmen die Detektoren Daten in 8 bit auf, d.h. jedem Pixel wird in jedem der Kanäle ein Grauwert zwischen 0 - 255 zugewiesen (HILDEBRANDT 1996; LINDGREN 1985; RELIN 1996). Diese Digitalwerte können z.B. auf einem high density digital tape (HDDT) in einer Empfangsstation auf der Erde gespeichert werden (zu Aufnahmetechniken s. HILDEBRANDT 1996: 415 ff.). Die Bilddaten werden bei Landsat im Band-Sequential-Format (BSQ) logisch organisiert, so dass jeder Kanal eines Satellitenbildes eine eigene Bilddatei bildet.

Das Produkt dieser Prozesse ist das Satellitenbild, wobei sich dieser Begriff zunächst nur auf die Aufnahmeplattform bezieht. Allgemein wird in der Fernerkundung von Luftbildern, d.h. überwiegend photographischen Produkten (z.B. Schwarzweißbild, Farbbild oder panchromatisches Bild), und nicht-photographischen Bildprodukten (v.a. Satellitenbilder; aber auch digitale Luftbilder wie z.B. Hyperspectralsensoren) gesprochen. Die Satellitenbilder werden häufig durch Angabe des Satellitentyps, des Aufnahmesystems und des Spektralbereiches genauer bezeichnet (z.B. Landsat-5 TM- oder ERS-1-Radar-Satellitenbild).

Im Gegensatz zu topographischen Karten sind Satellitenbilder natürliche, nicht maßstabsgerechte und nicht lagegetreue Bilder, in denen einzelne Objekte nicht selektiert sind. Es handelt sich dabei um Augenblickaufnahmen mit hohem Aktualitätsgrad und hoher Informationsdichte, wobei der Inhalt kausal bestimmt ist.

2.4 Satellitensysteme

In Abhängigkeit von den jeweiligen Spektralbereichen und der geometrischen Auflösung, ergeben sich unterschiedliche Einsatzbereiche von Sensoren bzw. ihrem entsprechenden Satelliten. In der vorliegenden Studie werden ausschließlich Daten der Landsat-Reihe verwendet, weshalb diese detaillierter behandelt wird.

Im Anschluss werden die SPOT-Reihe und andere Satellitensysteme als Vergleich eine kurze Erwähnung finden.

2.4.1 Landsat

Im Juli 1972 wurde von der NASA mit dem ERTS-1 (Earth Resource Technology Satellite) der erste unbemannte Satellit in die Umlaufbahn gebracht, der kontinuierlich multispektrale Daten der Erdoberfläche mit hoher räumlicher Auflösung aufnehmen sollte. 1975 wurde dieser in Landsat-1 umbenannt. Seitdem folgten kontinuierlich weiter entwickelte Satelliten der Landsat-Reihe (s. Tab. 1). Der aktuelle, Landsat-7 ETM+, ist seit 1999 im Einsatz (HILDEBRANDT 1996; LILLESAND & KIEFER 2000).

Im November 2000 wurde im Rahmen des New Millennium Programs (NMP) der NASA der Earth Orbiter (EO-1) gestartet. EO-1 Satelliten aus der Landsat-Reihe dienen der Weiterentwicklung und Verbesserung der bisher benutzten Systeme, z.B. in Bezug auf die Detektoren, das Gewicht der benutzten Materialien oder die Datenspeicherung. Bei dieser Mission werden mit dem ALI (Advanced Land Imager), dem Hyperion und dem Atmospheric Corrector andere Sensoren eingesetzt. Der ALI beispielsweise verbraucht weniger Energie, ist kostengünstiger als die älteren Landsat-Typen, besitzt insgesamt zehn Kanäle und hat im PAN Bereich mit 10m eine höhere Auflösung. Der EO-1 fliegt im fast gleichen Orbit wie Landsat-7 (Abweichung von 1min.) und nimmt identische Bilder auf, um beide Resultate miteinander vergleichen zu können (LILLESAND & KIEFER 2000).

Seit der Landsat-4-Mission beginnt der Scanbereich bei 64°36' westlicher Länge. Die gesamte Erdoberfläche wird in 233 sich seitlich überlappenden Streifen von 185 km Breite abgescannt. Die geographische Zuordnung der Daten wird in einem weltweiten Referenzsystem, dem WWRS, festgelegt, wobei die Flugstreifen (PATH) in Segmente (248 ROWS) unterteilt werden. Detaillierte Daten über die einzelnen Satellitenbildszenen können z.B. über EOSAT abgerufen werden (LILLESAND & KIEFER 2000).

	Landsat - 1 - 3	Landsat - 4 - 5 TM	Landsat - 7 ETM+
Start	1972, 1975, 1978	1984, 1986	1999
Flughöhe	917 km	705 km	705 km
Umlaufzeit	103 min.	99 min.	99 min.
Inklination	99°	98,2°	98,2°
Orbit	sonnensynchron	Sonnensynchron	sonnensynchron
Wiederholungszyklus	18 Tage	16 Tage	16 Tage
Abtastbreite	185 km	185 km	185 km
Flächenabdeckung	185 km x 185 km	185 km x 185 km	185 km x 185 km
Äquatorüberquerung	zw. 8.50 u. 9.30 Uhr	9.45 Uhr	9.45 Uhr
radiomet. Auflösung	6 - 8 bits	8 bits	8 bits
Sensoren	RBV MSS	MSS TM	ETM+ TM
Auflösung im MS	79 - 82 m x 79 - 82 m	28,5/30 m x 28,5/30 m	30 m x 30 m
Auflösung im THIR	(240 m x 240 m; nur kurzzeitig aktiv)	120 m x 120 m	60 m x 60 m
Auflösung im PAN			15 m x 15 m
Spektralkanäle	3 RBV - Kanäle: 2 VIS, 1 NIR 4 MSS - Kanäle: 2 VIS, 2 NIR (1 THIR nur kurzzeitig aktiv)	7 TM - Kanäle: 3 VIS, 1 NIR, 2 MIR, 1 THIR 4 MSS - Kanäle: 2 VIS, 2 NIR	8 Kanäle: 3 VIS, 1 NIR, 2 MIR, 1 THIR, 1 PAN

Tab. 1: Eigenschaften der Landsat-Satelliten. Die Zusammenfassung der sechs Landsat-Systeme in drei Gruppen, ist auf die Ähnlichkeit der in einer Gruppe betrachteten Satelliten zurückzuführen. (Quelle: BÄHR & VÖGTLE 1991; DREISER 1989; HILDEBRANDT 1996; IGBOKWE 1994; JENSEN 1996; KAPPAS 1994; LILLESAND & KIEFER 2000; LINDGREN 1985; RELIN 1996)

In Tab. 2 wird das Anwendungspotenzial der Landsat Kanäle aufgeführt, welches sowohl für die Kanalkombination für die visuelle Interpretation (s. Kap. 4.3.2.1) als auch für die Kanalauswahl für die Auswertung der Daten (s. Kap. 4.3.2.4) relevant ist.

TM- und ETM+ -Kanäle und deren Anwendungspotenzial
Kanal 1: VIS (blaues Licht): 0,45-0,52µm Anwendung: Landnutzungsuntersuchungen, Boden- und Vegetationsuntersuchungen, Küstenwasseruntersuchungen
Kanal 2: VIS (grünes Licht): 0,52-0,6µm Anwendung: Boden- und Vegetationsdifferenzierungen
Kanal 3: VIS (rotes Licht): 0,63-0,69µm Anwendung: Vegetationsinterpretation: Pflanzendifferenzierungen, Feldfrucht-Identifikation
Kanal 4: NIR: 0,76-0,90µm Anwendung: Vegetationsinterpretation, v.a. Feldfrucht-Identifikation; Biomasse-kartierungen; Boden-Feldfrucht- und Land- Wasser-Kontrast werden hervorgehoben
Kanal 5: MIR: 1,55-1,75µm Anwendung: Vegetationsfeuchte- und Bodenfeuchtemessungen; Unterscheidung von Wolken, Schnee und Eis; hydrologische Untersuchungen
Kanal 6: THIR: 10,40-12,50µm Anwendung: Vegetationsklassifizierungen, Bodenfeuchte-Studien, thermale Kartierungen, geologische Untersuchungen
Kanal 7: MIR: 2,08-2,35µm Anwendung: geologische Untersuchungen; Vegetationsfeuchtemessungen; hydrothermale Kartierungen
Kanal 8: PAN: 0,52-0,90µm Anwendung: Kartierungen allgemein (Abgrenzung homogener Areale)

Tab. 2: Landsat TM- und ETM+-Kanäle und deren Anwendungspotenzial (Quelle: JENSEN 1996; KAPPAS 1994; LILLESAND & KIEFER 2000)

2.4.2 Weitere Satellitensysteme

Die Aufnahmeplattform “Système Pour l’Observation de la Terre” (SPOT) wird wie die Landsat-Reihe für Vegetationsanalysen und Landnutzungsuntersuchungen besonders in kleinstrukturierten Gebieten angewandt (RELIN 1996). SPOT-1 ist 1986 aus einem Gemeinschaftsprogramm von Franzosen, Belgiern und Schweden entstanden. SPOT- 4 ist der bislang letzte Satellit dieser Reihe, der mit dem HRVIR (High resolution visible and infrared) Sensor ausgestattet ist und 1998 gestartet wurde.

Im Vergleich zur Landsat-Reihe beträgt die räumliche Auflösung bei SPOT-4 20m in den multispektralen Kanälen (3 VIS, 1 NIR, 1 MIR) und 10m im panchromatischen Kanal. Weitere Unterschiede sind die Flughöhe (832km), die Wiederholungsrate von 26 Tagen, die geringere Abtastbreite von 120km und die kleinere Flächenabdeckung von 60km x 60km (IGBOKWE 1994; LILLESAND & KIEFER 2000; RELIN 1996).
Ein anderes Satellitensystem mit einer Auflösung ähnlich der Landsat- und SPOT-Reihe ist z.B. das Indian Remote Sensing-Program (IRS).
Der erste multispektrale Fernerkundungssatellit der IRS-Reihe startete 1988 (IRS-1A). Der aktuelle IRS-1D ist seit 1997 in der Umlaufbahn. Die bei diesem System eingesetzten LISS-Sensoren (Linear Imaging Self-scanning Sensor) mit vier Kanälen im VIS, NIR, MIR und PAN waren anfangs mit denen der Landsat-4 und -5 TM Reihe vergleichbar. Mittlerweile beträgt die räumliche Auflösung des multispektralen Sensors LISS-III 23m, des panchromatischen 5,8m und des zusätzlichen Wide Field Sensors (WiFS) 188m.
Beispiele für hochauflösende Satellitensysteme sind IKONOS und Orb-View-3. IKONOS wurde im September 1999 gestartet und hat eine räumliche Auflösung von 4m, mit vier multispektralen Kanälen (3 VIS und 1 NIR) und einem panchromatischen Kanal mit 1m Auflösung. Der Orb-View-3 Satellit startete 2001 und hat ebenfalls vier multispektrale Kanäle mit einer Auflösung von 4m und einem panchromatischen Kanal von 1m-Auflösung.
Satellitensysteme, die beispielsweise meteorologische Daten aufnehmen sind u.a. die der amerikanischen NOAA (National Oceanic and Atmospheric Administration) oder der GOES (Geostationary Operational Environmental Satellites). Im Gegensatz zu den für die Beobachtung der Erdoberfläche mittel- oder hochauflösenden Satellitentypen, haben die meteorologischen eine nur grobe räumliche, dafür aber eine hohe zeitliche Auflösung (weiterführende Literatur: LILLESAND & KIEFER 2000: 431ff.).

3. Untersuchungsgebiet

Der seit 1960 unabhängige westafrikanische Staat Côte d'Ivoire liegt zwischen 5° und 11° nördlicher Breite und 3° und 8° westlicher Länge und hat nach Angaben der FAO (Food and Agricultural Organization of the United Nations) (2002) eine Fläche von ca. 322.000km². Im Westen grenzt die Côte d'Ivoire an Liberia und Guinea, im Norden an Mali und Burkina Faso, im Osten an Ghana. Im Süden bildet der Golf von Guinea die natürliche Grenze.

Die Bevölkerungszahl lag im Jahr 2000 bei ca. 16.013.000 Ew, bei einer Bevölkerungsdichte von 49 Ew/km² und einem jährlichen Bevölkerungswachstum von ca. 3,8% (FAO 2002).

3.1 Geographische Lage

Das Untersuchungsgebiet im Südwesten der Côte d'Ivoire in der Klimazone des tropischen immergrünen Tieflandsregenwaldes liegt zwischen 5°58' und 5°34' nördlicher Breite (bzw. UTM-Koordinaten: 663000.000 u. 616800.000) und 6°55' und 6°15' westlicher Länge (UTM: 726000.000 u. 794250.000) (s. Abb. 3-7). Das Gebiet umfasst eine Fläche von 3.153km².

3.2 Klima

KÖPPEN (1936) ordnet dem Untersuchungsgebiet ein Af-Klima zu, ein immerfeuchtes tropisches Regenwaldklima ohne Winter, mit über 18°C im kältesten Monat. Es handelt sich dabei um ein thermisches Tageszeitenklima mit großen Tagesamplituden der Temperaturen und gleichmäßig über das Jahr verteilten Durchschnittswerten von 23° bis 28°C bei gleichbleibend starker positiver Strahlungsbilanz von 1.200-1.700 J/cm²/Tag (STOORVOGEL 1993).

Dieses Klima, das von der Küstenebene bis ca. 200km ins Landesinnere vorherrscht, liegt ganzjährig im Einflussbereich der Innertropischen Konvergenzzone (ITC) und weist hygrische Jahreszeiten charakterisiert durch bimodale Niederschlagsverteilung mit jeweils zwei Regen- und Trockenzeiten auf. Während der langen Regenzeit von März bis Juli und der kurzen von September bis November kommt es zu längeren Regenfällen mittlerer Intensität. Von Dezember bis Februar dauert die längere und von Juli bis August die kürzere Trockenperiode an. Zwischen den beiden Regenspitzen gehen die Niederschlagsmengen zwar zurück, es kann aber von maximal ein bis zwei ariden Monaten ausgegangen werden.

Die jährliche Niederschlagsmenge nimmt von Südwesten (Grabo: 2.100mm) nach Nordosten (Soubré: 1.590mm) ab (ANAM 1987). Die Luftfeuchtigkeit beträgt 75 - 80% bei hohen potenziellen Verdunstungsraten (STOORVOGEL 1993; SZARZYNSKI 1994).

Der südwestliche Teil der Côte d'Ivoire ist von zwei Luftmassen- und Windsystemen, die durch die ITC voneinander getrennt werden geprägt. Dies ist zum einen der maritime, vom Golf von Guinea kommende, südwestliche Monsun, der in der Regenzeit für feuchte, warme Luft und Niederschläge sorgt. Zum anderen der aus dem subtropischen Hochdruckgürtel nach Südwesten strömende, kontinentale Nordost-Passat, der Harmattan. Dieser bringt trockene heiße Luft, angereichert mit Wüstenstaub, aus der Sahel-Sudanzone mit sich und erreicht sein Maximum in der Trockenperiode zwischen Dezember und Februar (WEISCHET & ENDLICHER 2000).

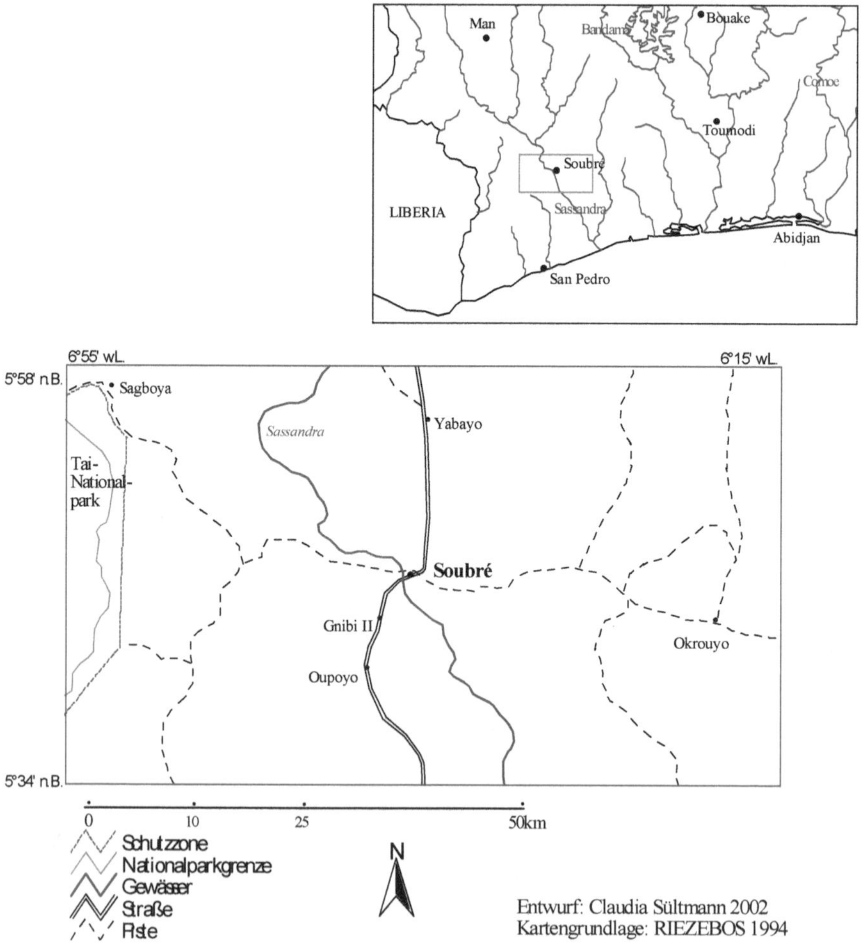

Abb. 3: Lage des Untersuchungsgebietes in der Côte d'Ivoire

3.3 Geologie und Böden

Die Geologie des Untersuchungsgebietes besteht aus präkambrischen Gesteinen des westafrikanischen Schildes. Seit dem Proterozoikum ist diese Region tektonisch stabil. Im Anstehenden finden sich überwiegend intrusive Granitgesteine und weniger häufig metamorphe Gneise (MUND & SZÖCS 2001; WRIGHT 1985). Die nicht wirtschaftlich zu fördernden geringen mineralischen Rohstoffvorkommen, wie Eisen- und Manganerze, Gold und Diamanten, werden auf die präkambrischen Gesteine bzw. intrusiven Granite in diesen zurückgeführt (AHN 1970).

Das Relief der südwestlichen Côte d'Ivoire ist relativ eben und wird als Peneplain charakterisiert, die von ca. 300 Höhenmeter bis zur Küste hin absinkt (GEORGES 1971). Lediglich vereinzelte Inselberge, die Höhen von ca. 300 bis 430m ü NN erreichen können, unterbrechen diese flache Geländeform. Der nordöstlich von Okrouyo gelegene Mount Trokwa ist mit 426m ü NN die höchste Erhebung des Untersuchungsgebietes.

Nach der französischen Bodenklassifikation werden die Böden im Untersuchungsgebiet allgemein den "sols ferrallitiques fortement désaturés" (PRETZSCH 1986:7) zugeordnet. Die Bodentypen im tropischen Regenwald und in den angrenzenden Kakaofeldern werden durch eigene Untersuchungen als Ferralsole (Xanthic Ferralsole) und Acrisole (Ferric Acrisole) bestimmt (ISSS-ISRIC-FAO 1998).

Der Boden ist im Bereich des immergrünen tropischen Regenwaldes von den ganzjährig hohen Niederschlägen und Temperaturen geprägt. Die durchlässigen, gut drainierten Böden sind durch eine intensive, tiefgründige chemische Verwitterung entstanden, wodurch 10 - 30m, zum Teil 60m mächtige Verwitterungsdecken vorliegen. Dabei kommt es durch hydrolytische Verwitterung von Silikaten zur Desilifizierung und durch Anreicherung von Eisen- und Aluminiumoxiden zur Ferrallitisierung, welche die typische Rotfärbung der Böden zur Folge hat. Durch das ebenfalls entstandene Zweischichttonmineral Kaolinit, das eine sehr geringe Kationenaustauschkapazität (KAK) besitzt, stehen nur wenig Mineralstoffe im Boden zur Verfügung, was in einer geringen Bodenfruchtbarkeit resultiert. Die Böden sind stark entkalkt und weisen bei einer geringen Basensättigung, mit einem pH-Wert unter 5, ein saures Milieu auf.

Ein typisches Bodenprofil wurde direkt im tropischen Regenwald und in den angrenzenden Kakaofeldern aufgenommen: Unter einer geringen Litterauflage (max. 5 - 3cm) folgt der oberste Profilbereich Ah, ein humoser Mineralbodenhorizont von 0 - max.15cm Tiefe.

Darunter befindet sich ein relativ sandiger, mäßig toniger ferrallisierter rötlicher B(u) Horizont mit z.T. Quarzgeröllen, Eisenkonkretionen und roten Eisenoxidflecken, dessen Mächtigkeit bis in 50cm (Kakaofeld) oder max.115cm (Wald) Tiefe reichen kann. Im Anschluss folgt das Ausgangsgestein oder häufig ein schwach verwitterter Cv-Horizont.

Durch die genannten Eigenschaften der Böden im tropischen Regenwald ist dieser Standort für anspruchsvollere Baum- und Strauchkulturen, wie z.B. Kakao oder Kaffee, wenig geeignet, bietet aber für Pflanzen wie Hevea, Ölpalme oder Maniok ausreichend Nährstoffe. Entlang der Flussläufe und in Tälern, den sogenannten "bas-fonds", haben sich durch die ständig feuchten Bedingungen lehmig-sandige hydromorphe Gleyböden entwickelt, die nährstoffreicher sind als die Ferralsols unter tropischem Regenwald. Sie stellen wichtige Standorte für den Anbau von Bananen, Gemüse und Nassreis dar.

3.4 Natürliche Vegetation

Die natürliche Vegetation im Untersuchungsgebiet wird nach GUILLAUMET & ADJANOHOUN (1971 in PRETZSCH 1986) dem ombrophilen Teil der Guinea-Zone zugeordnet, wobei es sich um tropischen immergrünen saisonalen Tieflandsregenwald handelt. Dieser Waldtyp zeichnet sich u.a. dadurch aus, dass das Pflanzenwachstum ganzjährig andauert, die Erneuerung der Laubmasse ohne jahreszeitliche Periodizität erfolgt und die Produktion der Phytomasse pro Fläche höher ist als in anderen Ökozonen.

Es können drei bis fünf Stockwerke unterschieden werden: die schwer zu differenzierenden ein bis zwei obersten Stockwerke beinhalten die größten Bäume mit Höhen von 30 - 40m, vereinzelt sogar bis zu 60m, die der Strahlung vollständig ausgesetzt sind. Darunter folgt die Schicht der mittleren Bäume, die sich bereits im schattigeren Bereich befinden. Im dunklen Untergeschoß befinden sich niedrige Bäume, Sträucher und eine geringe Gras- und Krautschicht, die nur von ca. 1% der auf dem Kronendach einfallenden Strahlung erreicht werden. Den prozentual größten Anteil nehmen Bäume ein, die, bis auf die mesophytischen Überhälter, Hygrophyten sind.

Unterschiedliche Anpassungsformen an die klimatischen Verhältnisse wie Lianen, Baumwürger, Epiphyten und Kauliflorie prägen die Waldvegetation. Der Boden dient im tropischen Regenwald vor allem als Substrat zur mechanischen Fixierung der Bäume, die durch oberirdische Brett- und zum Teil Stelzwurzeln gehalten werden. Das flache in den oberen 20 - 30cm des Bodens liegende dichte Wurzelsystem ist weit verzweigt und charakteristisch für den geschlossenen oberirdischen Nährstoffkreislauf. Das herabfallende organische Material wird rasch von pflanzlichen (Mykorrhiza) und tierischen (Regenwürmer, Termiten, Blattschneideameisen) Organismen zersetzt. Die darin eingebundenen Nährelemente werden somit den Pflanzen schnell wieder zur Verfügung gestellt, ohne dass die Mineralstoffe erst in den Boden gelangen (SCHULTZ 1995).

Der beschriebene natürliche, dichte und artenreiche Primärwald bedeckte ursprünglich das gesamte Untersuchungsgebiet, ist rezent jedoch nur noch im Taï-Nationalpark in großflächiger Ausdehnung anzutreffen (s. Photo 13, Kap. 4.3.3.1). Der 1978 zum Biosphärenreservat und 1982 von der UNESCO zum Weltnaturerbe ernannte Nationalpark umfasst mit einem 4.540 km² großen Regenwaldschutzgebiet die größte zusammenhängende Primärregenwaldfläche des gesamten westafrikanischen Raumes.

Die restlichen, relativ kleinflächigen Waldareale sind entweder degradierte Primärwaldrestflächen, wie z.B. die Ufervegetation des Sassandra (s. Photo 15, Kap. 4.3.3.1) oder durch schnelle Regeneration auf Rodungs- oder Brachefächen entstandene Sekundärwaldbestände (s. Photo 14, Kap. 4.3.3.1). Dieser Waldtyp besteht aus schnell wachsenden Bäumen, Sträuchern und Büschen, ist relativ licht und hat wenig Unterholz und Lianen, ähnelt also eher dem halbimmergrünen Regenwald (ANHUF 1994).

3.5 Landwirtschaft

Die Landwirtschaft, einschließlich Forstwirtschaft und Fischerei, trug 1998 26% zum Bruttoinlandsprodukt (BIP) der Côte d'Ivoire bei (STATISTISCHES BUNDESAMT 2002). Im Jahre 2000 waren 68% der Erwerbstätigen in diesem Sektor beschäftigt, was die Bedeutung dieses Wirtschaftszweiges hervorhebt (CIA 2002).

Die Landwirtschaft ist geprägt vom Nebeneinander exportorientierter Pflanzungs- und Plantagenbetriebe sowie selbstversorgungs- und binnenmarktorientierten kleinbäuerlichen Betrieben mit Nahrungsmittelproduktion.

Die Holzproduktion hatte 1997 einen Anteil von 9% am BIP und 10% am Außenhandel, ist somit eine wichtige Stütze der ivorischen Wirtschaft, die allerdings im Vergleich zu den Plantagen und kleinbäuerlichen Pflanzungen an Bedeutung verloren hat (MUND & DOEVENSPECK 2002). Die Ausweitung der Holzexploitation seit Mitte der 60er Jahre (s. Kap. 3.5.1) bis in das Untersuchungsgebiet forcierte den Aufschwung dieser Branche für die nächsten 20 Jahre. Anfang der 80er Jahre kam es aufgrund gestiegener Transportkosten durch

Ölkrisen (Ende der 70er), des Preisverfalls von Edelhölzern, der zunehmenden Konkurrenz zwischen Holz- und Landwirtschaft sowie der Verknappung der Ressource Holz zum Rückzug vieler großer Unternehmen (WIESE 1988).

3.5.1 Agrarkolonisation

Das Ausmaß der Agrarkolonisation wird deutlich, wenn man die landwirtschaftlich genutzte Fläche der gesamten Côte d'Ivoire im Jahresvergleich betrachtet. Im Jahr 1965 wurden ca. 16.080.000ha, 1986 ca. 18.280.000ha und 1999 ca. 20.350.000ha Land bewirtschaftet (FAO 2002).

Die Erschließung des tropischen Regenwaldes und die Expansion landwirtschaftlicher Nutzflächen im Untersuchungsgebiet ist neben dem natürlichen Bevölkerungswachstum besonders durch das Ende der 60er Jahre eingeleitete Regionalentwicklungsprojekt "Entwicklungsregion Südwest" stark forciert worden (WIESE 1988).

Die bis zu diesem Zeitpunkt wirtschaftlich eher unbedeutende Region wurde u.a. durch die natürlichen Faktoren Klima, Vegetation und Boden, die einsetzende Verbesserung der Verkehrsinfrastruktur, speziell durch den Bau der Fernstraße Soubré - Sassandra 1965 und den Bau der Straßenbrücke bei Soubré über den Sassandra 1970, zum größten Siedlungs- und Agrarraum des Landes.

Dieses Projekt sollte die Ausdehnung der Holzwirtschaft und die Anlage von Plantagen mit exportorientierten Produkten bewirken, um eine Diversifikation der bis dato dominanten Agrarprodukte Kaffee und Kakao zu erreichen. Des weiteren kam es zu einer weiträumigen Landerschließung für kleinbäuerliche Pflanzungen. Besonders durch die einsetzende staatliche finanzielle Unterstützung kombinierten viele der ursprünglich Subsistenzwirtschaft betreibenden Kleinbauern den Anbau von marktorientierten Dauerkulturen mit Nahrungsmittelkulturen.

Ein weiterer, ungeplanter Effekt der Agrarkolonisation war die spontane Landnahme von ivorischen Siedlern, die aus den nördlichen und zentralen Landesteilen kamen, sowie die Zuwanderung von hauptsächlich aus Burkina Faso und Mali stammenden Arbeitern.

3.5.2 Betriebsformen

Es können drei landwirtschaftliche Bereiche im Untersuchungsgebiet differenziert werden: 1. Anbau von Nahrungsmittelkulturen (Food-Crops) 2. Anbau von Exportkulturen (Cash-Crops) und 3. Holzwirtschaft. Die Viehwirtschaft spielt keine entscheidende wirtschaftliche Rolle, es werden lediglich vereinzelt Tiere für die Eigenversorgung gehalten.

Die dominierende traditionelle Bewirtschaftung im Untersuchungsgebiet ist die Shifting Cultivation. Neben dem Anbau von Nahrungsmittelkulturen dienen Jagd und Fischerei verbunden mit Sammelwirtschaft der Eigenversorgung. Zu Beginn der Trockenzeit wird mit Hilfe der selektiven Rodung der Regenwald für Anbauflächen manuell (mit der Machete oder dem Handbeil) erschlossen. Die vereinzelt stehen gelassenen Bäume dienen als Schattenspender, ihre Früchte und Samen werden als Nahrung genutzt. Nach einer kurzen Trocknungsphase wird die gefällte Vegetation in Brand gesetzt.

Photo 1: Brandrodungsfläche 16.01.2002

Auf der Brandfläche werden vorwiegend annuelle Kulturpflanzen, meistens in Mischkultur angebaut (s. Photo 11 - 12, Kap. 4.3.3.1). Nach 1 - 3 Jahren nimmt die Bodenfruchtbarkeit rapide ab und die Erträge sinken, so dass die Fläche brach gelassen wird. Die erneute Nutzung der verlassenen Parzelle ist erst nach einer Brachezeit von mindestens sechs bis zu 25 Jahren möglich (WOHLFAHRT-BOTTERMANN 1994).

Mittlerweile haben sich im Südwesten der Côte d'Ivoire die stärker markt- als subsistenzorientierten kleinbäuerlichen Pflanzungen mit Dauerkulturwirtschaft durchgesetzt. Bei geringem Kapitaleinsatz und nur teilweise staatlicher Förderung werden die Arbeiten primär von Familienmitgliedern durchgeführt, in Erntezeiten wird auch auf Lohnarbeiter zurückgegriffen. Auf Flächen von 1 - 10ha, die traditionell durch Brandrodungs-Hackbau bearbeitet werden, bauen die Kleinbauern Cash-Crops für den Weltmarkt in Mischnutzung mit Nahrungsmittelkulturen für die Eigenversorgung oder den lokalen Markt an. Durch die Kombination von Cash-Crops mit Nahrungsmittelprodukten ist das Betriebsrisiko gemindert und die Selbstversorgung gesichert.

Die Anpflanzung von Nahrungsmitteln, wie z.B. Reis, Mais, Maniok oder Banane erfolgt im Jungstadium von Kakao und Kaffee, die nach der Ernte der annuellen Pflanzen auf der Fläche stehen bleiben, während für die Nahrungsmittelkulturen neue Flächen aufgesucht werden müssen (PRETZSCH 1986). Wird Ölpalme oder Hevea auf wenigen Hektar bäuerlicher Pflanzungen angebaut, sind diese meistens direkt an großflächigen Plantagen gelegen, so dass die Erträge der Kleinbauern in den benachbarten Anlagen direkt weiterverarbeitet werden können.

Besonders durch den kolonialen Einfluss vollzog sich bereits im Laufe des 19. Jahrhunderts und v.a. seit Mitte der 50er Jahre die Hinwendung zu weltmarktorientierten Plantagenbetrieben mit Dauerkulturen, so dass die reine Subsistenzwirtschaft im Untersuchungsgebiet in den Hintergrund rückte (WIESE 1988). Es handelt sich dabei um staatliche oder halbstaatliche Betriebe, die oft mit agro-industriellen Verarbeitungsbetrieben gekoppelt sind. Diese zeichnen sich durch große Kapitalinvestitionen, hohe Flächenkapazität, einen starken Modernisierungsgrad und Lohnarbeiter aus, die in der untersuchten Region zum großen Teil aus Burkina Faso und Mali stammen.

Die großflächigen Rodungen werden oftmals in mechanisierter Form mit Planierraupen durchgeführt. Durch diese Technik kommt es zur Bodenverdichtung und der Entfernung der Wurzeln, die einen Wiederaufwuchs des Waldes verhindern. Im Anschluss daran werden die Baum-Monokulturen in Plantagenform auf mehreren 100 bis 1.000 ha angelegt.

Photo 2: Rodungsfläche 16.01.2002

Photo 3: Ölpalmenplantage 08.12.2001

3.5.3 Kulturpflanzen

Obwohl nur wenige Plantagen innerhalb des Untersuchungsgebietes liegen, ist der Anbau von Kokospalmen und Ananas v.a. im Süden des Landes von großer Bedeutung, in den nördlichen Savannengebieten hingegen Baumwolle und Erdnüsse. Die dominanten Kulturen im Untersuchungsgebiet sind die perennierenden Cash-Crops Kakao, Kaffee, Hevea und in geringerem Umfang Ölpalme, deren Anbaubedingungen im Folgenden genauer aufgezeigt werden. Weiterhin werden die anteilmäßig wichtigsten Nahrungsmittelkulturen dargestellt, die überwiegend in Mischnutzung und selten allein auf kleinen Parzellen angebaut werden. Im Gegensatz zu den Cash-Crops dienen die Pflanzen ausschließlich der Eigenversorgung oder dem lokalen Markt. Es handelt sich dabei um die annuellen Kulturpflanzen Reis und Mais als Getreidesorten, die perennierenden Baumkulturen Banane, Mango und Orange sowie die Knollengewächse Maniok, Yam und Taro. Auf die vereinzelt vorkommenden Gemüsesorten wie z.B. Avocados, Tomaten oder Piments wird nicht näher eingegangen.
Im Folgenden werden soweit verfügbar, Daten der Jahre 1986 und 2001 berücksichtigt, um den Vergleich der zur Verfügung stehenden Satellitenbildszenen zu ermöglichen.

3.5.3.1 Cash-Crops (Exportkulturen)

Kakao [*Theobroma cácao*, L.]

	Ökophysiologische Anbaubedingungen
Anbaugebiete	zwischen 15 °N und 15°S; primär im tropischen Tiefland; Höhen bis ca. 700m über NN sind möglich
Anbauform im Untersuchungsgebiet	dominant sind kleinbäuerliche Pflanzungen von 1-5ha Größe verbunden mit Kaffeesträuchern und Nahrungsmittelpflanzen für die Eigenversorgung; seltener sind Reinkulturen > 10ha
jährliche durchschnittliche Temperatur	25° - 28°C, der kälteste Monat sollte nicht unter 20°C haben, der wärmste nicht über 35°C
jährliche durchschnittliche Niederschlagsmenge	1.500 - 2.000mm
Lichtverhältnisse	am günstigsten sind schattige Standorte, z.B. unter Bananen, aber auch sonnige Standorte; Windschutz ist erforderlich
Bodenbedingungen	tiefgründiger, gut drainierter Boden, humusreich; tonig-sandige Struktur ist optimal; pH-Wert 4 - 7,5
weltweit größter Produzent	Côte d'Ivoire
Anbaufläche Côte d'Ivoire Produktion Côte d'Ivoire	1986: 1.173.700 ha 2001: 2.200.000 ha 1986: 610.680 t 2001: 1.200.000 t

Tab. 3: Ökophysiologische Anbaubedingungen von Kakao (nach: FAO 2002; REHM 1995)

Die Kakaopflanze (s. Photo 4, Kap. 4.3.3.1) wurde Ende des 19. Jahrhunderts in der Côte d'Ivoire eingeführt, jedoch erst nach dem Ersten Weltkrieg, vor allem von Europäern, nach dem Zweiten Weltkrieg dann von Afrikanern, produktiv angebaut.
Die Samen des Kakaos werden meistens in Kunststoffbeuteln angezüchtet und die Sämlinge nach sechs Monaten ausgepflanzt; es wird aber auch direkt gesät. Nach ca. fünf Jahren können die durch Beschnitt auf ca. 8-10m Höhe gehaltenen Kakaobäume zum ersten Mal geerntet werden (REHM 1995). Die Ernte, die manuell durchgeführt wird, ist ganzjährig möglich, aber meistens auf das Ende der Regenzeit im Oktober / November und den Beginn der langen Regenperiode im März beschränkt.

Kaffee [*Coffea* spp.]

	ökophysiologische Anbaubedingungen
Anbaugebiete	zwischen 10 °N und 10°S; ideale Höhe über NN ist bei Robusta ca. 300m - 800m
Anbauform im Untersuchungsgebiet	überwiegend in kleinbäuerlichen Pflanzungen (1 - 5ha), kombiniert mit Nahrungsmittelpflanzen und Kakaosträuchern; seltener großflächige Reinkulturen
jährliche durchschnittliche Temperatur	18° - 27°C, bei hoher Luftfeuchtigkeit; nicht unter 0°C
jährliche durchschnittliche Niederschlagsmenge	1.500 - 3.000mm
Lichtverhältnisse	direkte Sonneneinstrahlung und Wind haben schädigende Wirkung - Anlage von Hecken und Schattenbäumen erforderlich
Bodenbedingungen	tiefgründiger, gut drainierter und durchlüfteter Boden, humusreich; pH-Wert 6 - 6,5
weltweit größter Produzent	Kaffee insgesamt: Brasilien Kaffee Robusta: Indonesien und Uganda
Anbaufläche Côte d'Ivoire Produktion Côte d'Ivoire	1986: 1.102.000 ha 2001: 1.000.000 ha 1986: 265.199 t 2001: 280.000 t

Tab. 4: Ökophysiologische Anbaubedingungen von Kaffee (nach: FAO 2002; REHM 1995)

Bereits Ende des 19. Jahrhunderts wurde die Kaffeesorte Robusta (s. Photo 5, Kap. 4.3.3.1) in der Côte d'Ivoire eingeführt und seit den 20er Jahren verstärkt als Exportprodukt angebaut.
Kaffee wird am häufigsten zunächst in Saatkisten aufgezüchtet, nach acht Monaten kann die gezüchtete Pflanze auf den Flächen angepflanzt werden. Die Kaffeeblüte setzt im Anschluss

an die Trockenperiode, direkt nach den ersten Regengüssen, für drei bis vier Tage ein. Die erste Ernte dieser auf 1,5 bis 2m Höhe gehaltenen Pflanze, ist nach drei bis vier Jahren möglich, weitere 10 - 20 Jahre ist mit maximalen Erträgen zu rechnen. Die einmal jährliche ca. 10 bis 12 Wochen dauernde Ernte findet zwischen November und April statt.

Hevea [*Hevea brasiliensis*]

	Ökophysiologische Anbaubedingungen			
Anbaugebiete	zwischen 15 °N und 15°S ist der Anbau möglich; findet aber primär zwischen 6°N und 6°S statt; bis zu 400 - 500m ü NN			
Anbauform im Untersuchungsgebiet	v.a. als Monokultur in sowohl großflächigen als auch kleinflächigeren bäuerlichen Pflanzungen; z.T. haben Bauern und Plantagen Kooperationen, d.h. es findet Vertragsanbau statt			
jährliche durchschnittliche Temperatur	28°C im Mittel sind optimal, 22° - 28°C sind tolerierbar			
jährliche durchschnittliche Niederschlagsmenge	2.000 - 4.000mm			
Lichtverhältnisse	sonnige Standorte			
Bodenbedingungen	Tiefgründiger, gut drainierter Boden, wenig Anspruch an Bodenfruchtbarkeit; pH-Wert von 5 - 6			
weltweit größter Produzent	Südostasien, v.a. Malaysia			
Anbaufläche Côte d'Ivoire	1986:	35.512 ha	2001:	60.000 ha
Produktion Côte d'Ivoire	1986:	46.814 t	2001:	108.000 t

Tab. 5: Ökophysiologische Anbaubedingungen von Hevea (nach: FAO 2002; REHM 1995)

Die seit ca. den 20er Jahren in Westafrika angelegten und in den 60er Jahren stark ausgedehnten bis zu mehreren Tausend Hektar großen Pflanzungen, werden meistens als Monokultur angepflanzt (s. Photo 6, Kap. 4.3.3.1).

Der bis zu 30m hohe Baum wandelt anorganische Nährstoffe aus dem Boden zusammen mit Kohlendioxid aus der Atmosphäre und Licht in Kohlenhydrate um, die als weißer oder cremiger Latex (Milchsaft) in den Kapillaren der äußeren Borke aufsteigen. Um diese Substanz zu gewinnen, muss ein- bis zweimal täglich ein ca. 1mm tiefer Schnitt in der Rinde gezogen werden, damit der Latex in die am Stamm angebrachten Schalen fließen und dort zur Weiterverarbeitung gesammelt werden kann (REHM 1995) (s. Photos 7 und 8, Kap. 4.3.3.1).

Ölpalme [*Elaeis guineensis* Jacq.]

	ökophysiologische Anbaubedingungen	
Anbaugebiete	v.a. zwischen 10 °N und 10°S; bis zu 500m über NN	
Anbauform im Untersuchungsgebiet	überwiegend als Monokultur in Plantagenform, z.T. als Mischnutzung; selten auf kleinbäuerlichen Pflanzungen	
jährliche durchschnittliche Temperatur	möglichst gleichmäßig 24° - 28°C	
jährliche durchschnittliche Niederschlagsmenge	1.500 - 3.000mm; aber auch längere Trockenphasen von bis zu drei Monaten führen zu keinen Ertragseinbußen	
Lichtverhältnisse	Sonnenscheindauer von ca. 5 - 6 Stunden pro Tag	
Bodenbedingungen	tiefgründiger, gut drainierter, durchlässiger, nährstoffreicher Boden, pH-Wert von mind. 4, ideal 5,5 – 7	
weltweit größter Produzent	Malaysia, Indonesien	
Anbaufläche Côte d'Ivoire	1986: 91.033 ha	2001: 141.000 ha
Produktion Côte d'Ivoire	1986: 203.232 t	2001: 204.863 t

Tab. 6: Ökophysiologische Anbaubedingungen von Ölpalme (nach: FAO 2002; LIEW 2001; REHM 1995)

Die Ölpalme wird seit dem 19. Jahrhundert in Plantagenform in der Côte d'Ivoire angepflanzt (s.o. Photo 3; s. Photo 9, Kap. 4.3.3.1). Seit den 60er Jahren legt die staatliche Gesellschaft SODEPALM großflächige Monokulturen im Südwesten an.

Da es natürlicher Weise nur unregelmäßig und langsam zur Keimung kommt, werden die Nüsse in Brutschränken zur Keimung gebracht. Der Abstand innerhalb der Plantage der bis zu 30m hohen Pflanze sollte zwischen 8 und 9m betragen, zwischen den Palmen sind Leguminosen als Bodenbedecker und zur N-Versorgung günstig. Die bei ausgewachsenen Ölpalmen wöchentliche, manuelle Ernte der Fruchtstände ist ab dem 3. Lebensjahr durchführbar. Eine wirtschaftliche Nutzung ist 20 bis 30 Jahre möglich.

3.5.3.2 Food-Crops (Nahrungsmittelkulturen)

Die wichtigsten Getreidesorten unter den typischen Nahrungsmittelpflanzen sind Reis [*Oryza satiya* L.] und Mais [*Zea mays*.]. Beide Kulturen werden in den Tropen bis in relativ hoch gelegene Regionen angebaut, d.h. Reis bis zu 2.500m ü NN und Mais bis zu 4.000m ü NN.

Im Untersuchungsgebiet wird sowohl extensiver Trockenreis- als auch kontrollierter Nassreisanbau auf v.a. kleinen Parzellen (s. Photo 17, Anhang I), und z.T. im Wechsel mit anderen

Kulturen, z.B. Mais, durchgeführt. Neben einer Mindesttemperatur von 18°C und idealen Werten von 30-32°C, sind Niederschläge von jährlich 1.200-1.500mm bei lang andauernder Sonnenstrahlung Bedingung für das Wachstum (REHM 1995). Die Anbaufläche in der Côte d'Ivoire hat sich zwischen 1986 und 2001 von ca. 500.000ha auf 600.000ha vergrößert, die Produktion dabei nahezu verdoppelt, von 560.000t jährlich auf 1 Mio.t (FAO 2002).

Mais wird entweder in Reinkultur auf relativ kleinen Parzellen (ca. 2 - 4ha) (s. Photo 18, Anhang I) oder in Mischnutzung angebaut (s. Photo 10 - 11 Kap. 4.3.3.1). Die Temperaturen sollten zwischen 20 - 24°C liegen, nachts nicht unter 14°C sinken und tagsüber nicht über 30°C steigen, da die Pflanze sonst anfällig für Krankheiten wird. Des weiteren ist hohe Sonneneinstrahlung und eine jährliche Niederschlagsmenge von mindestens 500mm nötig (REHM 1995). Im Zeitraum von 15 Jahren hat die Anbaufläche im ganzen Land von 600.000ha auf 700.000ha zugenommen, die jährliche Produktion konnte um über 50% (ca. 250.000t) gesteigert werden (FAO 2002).

Die perennierenden Strauchkulturen Banane [*Musa x paradisiarca* L.], Mango [*Mangifera indica* L.] und Orange [*Citrus paradisi*] sind überwiegend in Mischkultur angepflanzt. Mango und Orange kommen häufig vereinzelt in Siedlungen und nicht in Reinkultur auf großen Flächen vor. Die tropische Kochbanane [*Musa paradisiarca*] und die in den Subtropen und Tropen vorkommende Obstbanane [*Musa sapientium*] ist auch in Reinkultur auf kleineren Arealen (1 - 3ha) vorzufinden (s. Photo 19, Anhang I), und fungiert zudem in gemischter Anbauform als Schattenspender. Sowohl Koch- als auch Obstbananen benötigen ca. 20°C, 2.000 - 2.500mm jährlichen Niederschlag und hohe Lichtintensität (REHM 1995). Die Anbaufläche hat sich zwischen 1986 und 2001 von 13.000ha auf 16.000ha erhöht, die gesamte ivorische Produktion ist von 136.000t auf 217.000t gestiegen (FAO 2002).

Die Knollengewächse Maniok [*Manihot esculenta* Crantz], Yam [*Dioscorea* spp.] und Taro [*Colocasia esculenta*] kommen im Untersuchungsgebiet nicht in Reinkultur vor und nehmen keine großen Flächen ein. Sie werden entweder in Mischkultur angepflanzt oder sind vereinzelt um Siedlungen vorzufinden. Alle drei Pflanzen werden in den Tropen und z.T. in den Subtropen angebaut und sind auf relativ hohe Temperaturen angewiesen. Die jährliche durchschnittliche Niederschlagsmenge sollte 1.000 - 2.000mm betragen, bei intensiver Sonneneinstrahlung und tiefgründigen, gut drainierten Böden (REHM 1995).
Vor allem für Yam (s. Photo 20, Anhang I) hat die Anbaufläche im Vergleich von 1986 zu 2001 von 242.000ha auf 350.000ha zugenommen, bei einer jährlichen Produktionssteigerung von 2,3 Mio. t auf 3 Mio. t (FAO 2002).

4. Datengrundlage und Methodik

Im Folgenden werden die Datengrundlage und die einzelnen Schritte der Datenbearbeitung vorgestellt, welche zusammenfassend in Abb. 10 dargestellt sind.

4.1 Datenmaterial

Für diese Studie standen drei Satellitenbildszenen vom Satellitensystem Landsat zur Verfügung:

	1. Szene	2. Szene	3 Szene
Quelle	University of Maryland	Tropical Rain Forest Information Center (TRFIC) University of Michigan	Tropical Rain Forest Information Center (TRFIC) University of Michigan
Landsat-Typ	Landsat-5 TM	Landsat-7 ETM+	Landsat-7 ETM+
Aufnahmedatum	16.01.1986	18.02.2001	23.04.2001
Kanäle	1, 2, 3, 4, 5, 7	1, 2, 3, 4, 5, 7, 8	1, 2, 3, 4, 5, 7, 8
Projektion	UTM	UTM	UTM
Geozentrisches Bezugssystem	World Geodetic System (WGS) - 84 Zone 29 (Süd)	WGS - 84 Zone 29 (Süd)	WGS - 84 Zone 29 (Süd)
Einheit	Meter	Meter	Meter
Auflösung	28,5m (MS)	30m (MS), 15m (PAN)	30m (MS), 15m (PAN)
Obere linke Eckkoordinate	699618.000 / 744876.000	691800.000 / 745800.000	690600.000 / 745200.000
Format	Geotiff	Hierarchical Data Format (HDF)	HDF
Die Szenen waren radiometrisch und geometrisch vorprozessiert			

Tab. 7: Angaben der zur Verfügung stehenden Satellitenbildszenen

Da die Aprilszene aus dem Jahr 2001 besonders im Untersuchungsgebiet stark von Wolken und Dunst überzogen war, wurde sie hauptsächlich als Vergleichsszene für die visuelle Interpretation herangezogen. Zur Klassifikation und Change Detection-Analyse wurden die Satellitenbildszenen vom Januar 1986 und Februar 2001 verwendet, da es sich bei den beiden ausgewählten Bildern um Aufnahmen während der Trockenperiode handelt. Die Aprilszene wurde in der Regenzeit aufgenommen. Der Vergleich von zeitlich mehrere Jahre auseinander liegenden Aufzeichnungen ist zuverlässiger, wenn es sich um den gleichen Aufnahmezeitpunkt und die gleiche Vegetationszeit handelt.

Der Geländeaufenthalt fand in den gleichen Monaten der beiden gewählten Szenen statt, wodurch die Datenaufnahme vor Ort gut mit den Fernerkundungsdaten verglichen werden konnte.

Abb. 4 zeigt die gesamte Szene vom 16.01.1986, Abb. 5 die vom 18.02.2001 in der Kanalkombination 4-5-3. Im Anhang II sind alle drei Szenen (inklusive der Szene vom 23.04.2001) in der Kanalkombination 3-2-1 dargestellt.

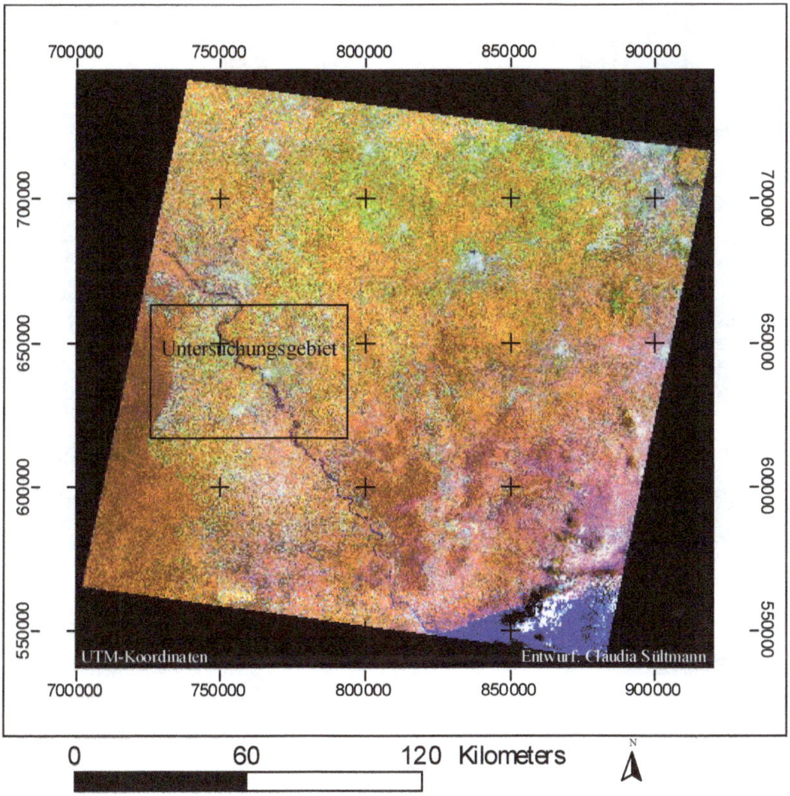

Abb. 4: Gesamte Szene des Landsat-5 TM vom 16.01.1986 (Kanalkombination 4-5-3) mit Markierung des Untersuchungsgebietes (s. Kap. 4.3.1.2)

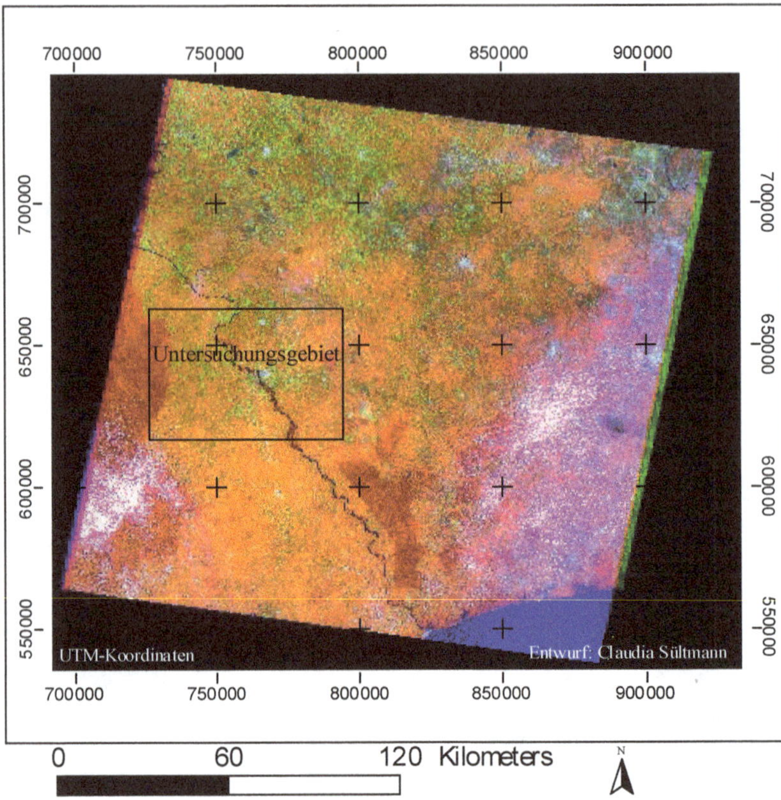

Abb. 5: Gesamte Szene des Landsat-7 ETM+ vom 18.02.2001 (Kanalkombination 4-5-3) mit Markierung des Untersuchungsgebietes (s. Kap. 4.3.1.2)50

4.2 Geländearbeit

Im Rahmen des Projektes fand vom 8. November 2001 bis zum 7. Februar 2002 ein dreimonatiger Geländeaufenthalt an der Côte d'Ivoire statt. In dieser Phase wurden ausgewählte Landnutzungsflächen mittels eines Global Positioning Systems (GPS) als Trainingsflächen aufgenommen und spezifische Informationen eingeholt.

4.2.1 Global Positioning System (GPS)

Das Global Positioning System ist ein militärisches satellitenbasiertes Navigationssystem, das vom Department of Defence in den USA entwickelt wurde und der geographischen Positionsbestimmung im Gelände dient.

Das GPS besteht aus einem Netzwerk von 24 Satelliten, die die Erde in einer Höhe von 20.200km auf verschiedenen Orbitalbahnen zwischen 60° nördlicher und 60° südlicher Breite umlaufen. Für die Bestimmung des augenblicklichen Standortes müssen Signale von mindestens drei Satelliten (für die Höhenbestimmung von mind. vier) empfangen werden, wobei die Genauigkeit der Angaben mit der Zahl der zur Verfügung stehenden Satelliten steigt (GARMIN 2002; LILLESAND & KIEFER 2000; UNIVERSITY OF COLORADO AT BOULDER 2002).

Dadurch werden weltweit kontinuierlich wetterunabhängige, dreidimensionale, bis auf wenige Meter exakte Positionsangaben in einem einheitlichen, globalen geozentrischen Bezugssystem, dem World Geodetic System (WGS), geliefert. Je nach Gerät können u.a. Angaben über die Höhe über dem Meeresspiegel, den Luftdruck oder auch Informationen über zurückgelegte Strecken (Entfernung zwischen aufgenommenen Punkten) abgerufen werden (IGBOKWE 1994).

Das verwendete GPS "eTrex Summit - personal navigator" (GARMIN International Inc. Kansas) hat einen differentialgeeigneten 12-Kanal Empfänger mit einer kontinuierlichen Aktualisierungsrate einmal pro Sekunde und einer Positionsgenauigkeit von ca. 5 - 15m.

Die Genauigkeit der Koordinaten kann je nach Standort und Witterung schwanken, da nicht immer die gleiche Anzahl von Satelliten zur Verfügung steht. Wird das GPS beispielsweise in einer Waldumgebung verwendet, dringen nicht alle Satellitensignale durch das Kronendach, so dass entweder gar keine oder ungenaue Koordinaten angegeben werden.

Während des Geländeaufenthaltes konnten diese Probleme jedoch überwiegend vermieden werden, so dass die Qualität der gewonnenen Daten als gut bewertet wird. Die im Gelände aufgenommenen Koordinaten von verschieden großen Landnutzungsflächen wurden später im Satellitenbild lokalisiert.

4.2.2 Aufnahme von Trainingsgebieten

Die während des Geländeaufenthalts ausgewählten relevanten Trainingsgebiete dienen als Schlüssel für die visuelle Interpretation (s. Kap. 4.3.2.1) und die Klassifikation des Untersuchungsgebietes (s. Kap. 4.3.3.2). Generell sollten mehrere Testflächen für die einzelnen Objektklassen aufgenommen werden, die eine ausreichende Größe besitzen (mehrere Hektar), für ihre Klasse repräsentativ und durch typische spektrale Signaturen gekennzeichnet sind, d.h. jeweils möglichst homogen, damit sie eindeutig voneinander abgrenzbar sind. Im Idealfall wird die gesamte spektrale Variabilität durch die verschiedenen Referenzflächen erfasst, so dass alle Bildelemente den unterschiedlichen Klassen zugeordnet werden können (ALBERTZ 2001; BARTELS 1988; GANKOFNER 1996; JENSEN 1996; LÖFFLER 1994; SABINS 1997).

Während des Geländeaufenthaltes wurden zunächst in den Satellitenbildszenen aus 2001 die Koordinaten von geeigneten Gebieten ausgewählt und diese dann im Gelände mit Hilfe des GPS aufgesucht und überprüft. Zum anderen wurden Areale direkt im Gelände aufgenommen, die sich in der Natur deutlich von benachbarten Parzellen abgrenzen ließen.

Nach Bestimmung der geographischen Koordinaten wurden die Testflächen photographiert und kartiert (Bestandsdichte, z.T. Schätzung des Alters und Bedeckungsgrades).

Trainingsgebiete für die Satellitenbildszene vom 18.02.2001 wurden über den Ground Check ermittelt. Die Festlegung von Testflächen für den Datensatz vom 16.01.1986 musste auf Grundlage der visuellen Interpretation erfolgen. Die ausgewählten Trainingsgebiete beider Szenen nach den Prozessen der Bildverbesserung sind in Kap. 4.3.3.1 aufgeführt.

4.3 Datenbearbeitung

Die Datenbearbeitung erfolgte mit der Bildverarbeitungssoftware ENVI (The Environment for Visualizing Images) Version 3.2.

Die Datenbearbeitung beinhaltet die Datenvorverarbeitung, die Bildverbesserung und die Auswertung der Satellitenbilder.

4.3.1 Datenvorverarbeitung

4.3.1.1 Geometrische Entzerrung

Bei der geometrischen Entzerrung (Geokodierung) werden die Originalbilddaten auf ein geodätisches Bezugssystem transformiert. Die Bilddaten sind dann geokodiert, wenn jedem Pixel Koordinaten einer kartographischen Abbildung eindeutig zugeordnet werden können (JENSEN 1996; KAPPAS 1994; LILLESAND & KIEFER 2000). In diesem Fall lagen die Koordinaten der Eckpunkte der Satellitenbilder bereits als UTM-Koordinaten vor (s. Tab. 7). Zur Überprüfung der Genauigkeit der Koordinaten wurden einzelne Punkte im Satellitenbild mit eindeutigen Punkten (z.B. Straßenkreuzung) von topographischen Karten 1:50.000 verglichen.

Trotz der relativ genauen Koordinatenangaben lagen die drei Szenen nicht exakt aufeinander, d.h. es konnten Unterschiede von bis zu drei Pixeln festgestellt werden. Aus diesem Grunde wurde eine Bild-zu-Bild-Registrierung, d.h. eine relative Entzerrung auf Grundlage der Februar 2001-Szene durchgeführt, die die höchste Lagegenauigket bietet. Dabei wurde auch die Szene von 1986 von 28,5m auf 30m resampled.

Für die relative Entzerrung wurden in der Ausgangsszene (Februar 2001) und in den zu entzerrenden Szenen 20 Ground Control Points (GCP) markiert. Dafür boten sich prägnante Punkte (z.B. Straßenkreuzungen, Brücken, Gebäude) an, die in beiden Datensätzen identifiziert werden konnten.

Durch die vorangegangenen Transformationen ist ein unregelmäßiges Datenraster entstanden, so dass der eigentliche geokodierte Datensatz durch ein Resampling erzeugt wurde. Dabei wurden die Grauwerte der ursprünglichen Datensätze den entzerrten Bildern zugeordnet. In diesem Fall wurde die nächste Nachbarschafts-Methode (nearest-neighbour) verwendet, d.h. es wurde der Grauwert des Pixels vom Eingabebild übernommen, welches dem transformierten Pixel am nächsten lag.

Der Vorteil dieser Methode ist, dass die Grauwertstatistik des Bildes kaum verändert wird, das digitale Bild also die spektrale Information behält, wobei jedoch räumliche Fehler bis zu 0,5 Pixel auftreten können (ALBERTZ 2001; HILDEBRANDT 1996; LILLESAND & KIEFER 2000; RELIN 1996; WALZ 2000).

Durch den Prozess der geometrischen Entzerrung wurden die drei zur Verfügung stehenden Szenen geometrisch einander angepasst, so dass eine Vergleichbarkeit im weiteren Verlauf der Datenbearbeitung gewährleistet ist.

4.3.1.2 Festlegung des Untersuchungsgebietes

Die verwendeten Landsat-Szenen decken jeweils ein Gebiet von 185km x 185km im Südwesten der Côte d'Ivoire ab. Das Untersuchungsgebiet wurde in Form einer Subszene aus der Gesamtszene ausgeschnitten.
Die UTM-Koordinaten der linken oberen Ecke sind 726000.000 / 663000.000 (Zone 29) (bzw. 5°58' nördlicher Breite, 6°55'westlicher Länge), die der rechten unteren Ecke 794250.000 / 616800.000 (bzw. 5°34' n. B. / 6°15' w. L.). Die Fläche beträgt 3.153.000ha (3.153km^2) (s. Kap. 3.1). Die Nord-Süd-Ausdehnung beträgt 46,2km, die Ost-West-Erstreckung 68,25km.
Das Untersuchungsgebiet ist in den Abb. 4 und 5 (Kap. 4.1) und im Anhang II markiert und in den Abb. 6 und 7 vollständig abgebildet.

4.3.2 Bildverbesserung

Durch die Anwendung verschiedener Bildverbesserungsmethoden soll die Varianz des Datensatzes hervorgehoben und die Interpretation erleichtert werden. Des weiteren dient die Bearbeitung der Szenen mit den folgenden Methoden der Herausstellung der geeignetsten Bilddarstellung für die anschließende Klassifikation (Kap. 4.3.3.2).

4.3.2.1 Auswahl der Kanalkombination für die visuelle Interpretation

Das menschliche Auge erkennt Farben durch Zäpfchen, die für rot, grün und blau empfindlich sind, so dass bei der visuellen Bildinterpretation nur drei Kanäle gleichzeitig betrachtet werden können. Daher muss eine Auswahl der bei Landsat zur Verfügung stehenden Kanäle (s. Kap. 2.4.1, Tab. 1) auf den drei Farbebenen RGB (Rot, Grün, Blau) getroffen werden.

Aus den drei Grundfarben lassen sich, je nach Aufgabenstellung, verschiedene Farbbilder erzeugen, indem drei Spektralkanälen des Satellitenbildes die Grundfarben RGB zugewiesen werden.

Ein sogenanntes Echtfarbenbild wird bei Landsat durch die Kanalkombination 3-2-1 (sichtbares Licht) dargestellt, d.h. die Farben des Satellitenbildes entsprechen der Farbwahrnehmung des menschlichen Auges in der Natur (s. Anhang II). Andere Kombinationen wie z.B. 2-3-4 oder 5-4-3 sind Falschfarbenkomposite, d.h. künstliche Farbbilder.

Für die Unterscheidung von Vegetationstypen bietet sich besonders die Kanal-Kombination 4-5-3 an (s. Kap. 2.4.1, Tab. 2), d.h. eine Auswahl aus dem sichtbaren Rot (3), dem nahen (4) und mittlerem (5) Infrarot (ANHUF 1997; JENSEN 1996; RELIN 1996). Durch diese Falschfarbenkomposite ist eine relativ gute Farbdifferenzierung der Bildobjekte, d.h. auch der ausgewählten Trainingsgebiete gegeben (s. Abb. 6 und 7):

Interpretationsschlüssel		
Kategorie	**Farbe**	**Textur**
Kakao / Kaffee	orange-braun; z.T. grünlich (Kaffee)	sehr fleckig
Hevea	orange	relativ homogen
Ölpalme	dunkelbraun bis braunrot	relativ homogen
Brache / Mischnutzung	hell- bis dunkelgrün	sehr fleckig
Primär- und Sekundärwald	dunkelbraun	homogen
Siedlungsfläche	weiß / hellblau	fleckig
Gewässer (Fluss)	schwarz	homogen

Tab. 8: Interpretationsschlüssel der Falschfarbenkomposite 4-5-3

4.3.2.2 Filter und Kontrastverbesserungen

Zu den Möglichkeiten der Bildbearbeitung zählen auch die Filter und Kontrastverbesserungen. Filter dienen generell der Trennung von erwünschten und nicht erwünschten Informationen und können z.B. die Bildobjekte für das menschliche Auge schärfer darstellen. Die unterschiedlichen Fernerkundungsprogramme bieten zahlreiche Filter, die das Ausgabebild für die visuelle Interpretation verbessert darstellen. Die zahlreichen

Bildinformationen, v.a. lokale Details, stärker betont (IGBOKWE 1994; LILLESAND & KIEFER 2000).

Ebenso wie die Verwendung von Filtern dient auch die Kontrastverbesserung der leichteren Interpretation der Daten.

Die Satellitensensoren sind so kalibriert, dass sie Objekte mit hohen und niedrigen Reflexionswerten in den Grauwerten 0 - 256 abbilden. Dadurch werden Objekte, die ähnliche Reflexionseigenschaften besitzen (z.B. Kulturpflanzen) nur in einem kleinen Bereich der Grauwertstufen dargestellt (RELIN 1996). Des weiteren werden nicht immer alle 256 zur Verfügung stehenden Grauwertstufen in den Originalbilddaten vollständig abgedeckt, wodurch das menschliche Auge relativ wenig Kontraste unterscheiden kann.

Eine bewährte Methode zum Hervorheben der Grauwertdifferenzen ist die lineare Kontraststreckung, die sich für die zur Verfügung stehenden Daten als effektivste Kontrastverbesserung erwies. Dabei werden die Grauwerte so gestreckt, dass der gesamte Grauwertbereich ausgenutzt wird, wodurch z.B. hellere Flächen heller und dunklere noch dunkler erscheinen (ALBERTZ 2001; LILLESAND & KIEFER 2000; SABINS 1997).

4.3.2.3 Normalized Difference Vegetation Index (NDVI)

Neben der angeführten Kombination aus drei Kanälen diente die Auswahl von zwei spektralen Bändern in Form eines Vegetationsindex als weiteres Hilfsmittel der visuellen Interpretation.

Ein Vegetationsindex dient zur visuellen Erfassung von Vegetationsbedeckung, ist ein Indikator für den Vegetationszustand bzw. ein Maß für die Vitalität der Vegetation und ermöglicht deren quantitative Schätzung.

Der am häufigsten angewendete Vegetationsindex ist der 1974 von ROUSE et al. entwickelte Normalized Difference Vegetation Index (NDVI), der auch in dieser Studie benutzt wurde. Die Grundlage des NDVI ist das Reflexionsverhalten der Vegetation, das sich mit der Wellenlänge im Verlauf des elektromagnetischen Spektrums ändert. Der NDVI bildet den Kontrast zwischen geringer Reflexion im roten Kanal des VIS und hoher Reflexion im NIR (s. Kap. 2.2) ab.

Der NDVI ist ein Ratiobild, d.h. eine Verhältnisbildung zweier Datensätze. Dabei werden ausgewählte Kanäle ins Verhältnis zueinander gesetzt, so dass spektrale Eigenschaften der Vegetation hervorgehoben werden. Bei Landsat wird aus den Kanälen 3 (VIS) und 4 (NIR) der Vegetationsindex errechnet (s. Anhang III).

Die Werte des NDVI liegen zwischen -1 und +1, die Vitalität der Vegetation kann in der Bildwiedergabe schwarzweiß oder in Farbstufen dargestellt werden. Gebiete mit viel Vegetation haben einen hohen Wert des NDVI, Steine, rohe Böden, Wolken, Wasser und Schnee dagegen weisen aufgrund der höheren Reflexion im VIS einen negativen Indexwert auf (ALBERTZ 2001; JENSEN 1996; LILLESAND & KIEFER 2000; ZERDA 1998).

4.3.2.4 Kombination mehrerer Spektralkanäle für die Auswertung

Die bisher getesteten Kanalkombinationen waren für die visuelle Interpretation und die Auswahl bzw. Übertragung der Trainingsgebiete eine gute Grundlage, für die Klassifikation wurde jedoch eine erweiterte Kanalkombination benutzt. Da besonders die Kanäle 1, 2 und 3 des sichtbaren Lichts die vorhandenen Dunstschleier und Wolken stark hervorheben (s. Anhang II), wurde für die Klassifikation eine Kombination aus mehreren unterschiedlichen Spektralkanälen verwendet. Eine Zusammenstellung der Infrarotkanäle 5 (MIR) und 7 (MIR) verbunden mit den Kanälen 3 (VIS) und 4 (NIR) in Form des NDVI (s. Kap. 4.3.2.3) stellte sich als günstigste Variante heraus (s. Kap. 4.3.3.1).Auf diese Weise konnte eine Datengrundlage mit den für diese Studie relevanten Informationen der Landbedeckung benutzt werden, in der das Vorhandensein der Dunstschleier und Wolken die Klassifikation nur geringfügig beeinflusst.

4.3.3 Auswertung

4.3.3.1 Festlegung der Trainingsgebiete

Während die Auswahl der Testflächen für 2001 auf aktuellen Geländedaten beruhte, mussten die Trainingsgebiete für die Szene vom 16.01.1986 aufgrund des Mangels an Ground Truth-Daten auf Basis der visuellen Interpretation festgelegt werden.
Durch den Ground Check wurden die folgenden sechs Kategorien mit z.T. mehreren möglichen Trainingsgebieten für die Fragestellung als relevante Objekte definiert und aufgenommen:
1) Kakao / Kaffee 2) Hevea 3) Ölpalme 4) Brache / Mischnutzung 5) Primär- und Sekundärwald 6) Siedlungsflächen.
In den Abb. 6 und 7 wird ersichtlich, dass die Testflächen von Ölpalme, Primärwald und Siedlungsfläche für beide Aufnahmezeitpunkte identisch sind, die der anderen Kategorien jedoch nicht. Diese unterschiedlichen Trainingsgebiete und deren Auswahl kann folgendermaßen begründet werden:

1) Kakao / Kaffee: Sowohl Kakao als auch Kaffee sind primär auf kleinen, oftmals zusammenhängenden Parzellen, und nur selten getrennt voneinander auf großen Flächen vorzufinden (s. Kap. 3.5). Die Aufnahme von eindeutigen und gut abgegrenzten Gebieten mit jeweils nur einer dieser Cash-Crops war mit Schwierigkeiten verbunden, konnte jedoch im Gelände mehrfach erreicht werden. Die Kaffeefläche von 2001 war als einzige im Satellitenbild eindeutig von anderen Klassen zu unterscheiden, bei der es sich jedoch um relativ jungen Kaffee (max. 2 Jahre) handelt. Auf genau dieser Fläche konnte für 1986 Brache bzw. Mischnutzung identifiziert werden (s. Abb. 6 bzw. 7).
Ansonsten sind die Anbaugebiete von Kakao und Kaffee bei der visuellen Interpretation sowohl im Satellitenbild von 2001 als auch von 1986 nicht präzise genug zu differenzieren, weshalb diese im Folgenden zusammengefasst werden.

Photo 4: Kakao 06.01.2002

Photo 5: Kaffee 06.01.2002

2) Hevea: Die Präsenz von Hevea v.a. südlich von Soubré ermöglichte die Aufnahme von großflächigen, relativ gut abgegrenzten und homogenen Flächen. Dennoch sind die gewählten Testareale für die beiden Aufnahmezeitpunkte unterschiedlich, da das für 2001 aufgesuchte in der 15 Jahre alten Szene nicht sicher als Hevea identifiziert werden konnte, und somit eine andere eindeutige Fläche einbezogen wurde.

Photo 6: Hevea 21.11.2001

Photo 7: Hevea 21.11.2001

Photo 8: Hevea 21.11.2001

3) Ölpalme: Im Gegensatz zu den anderen Regionen im Süden der Côte d'Ivoire kommen Ölpalmen in den Anbaugebieten um Soubré nicht in ausgedehnten Flächen und in Monokultur vor. Eine Ausnahme konnte jedoch östlich von Soubré in Form einer mehrere Quadratkilometer großen Plantage aufgenommen werden. Diese im Satellitenbild sehr gut zu identifizierende Trainingsfläche ist sowohl 1986 als auch 2001 klar zu erkennen und daher für beide Jahre identisch.

Photo 9: Ölpalme 21.11.2001

4) Brache / Mischnutzung: Bracheflächen nehmen genau wie verschiedene Formen der Mischnutzung ausgedehnte Areale ein, allerdings sind beide Nutzungsformen je nach Vegetationszeit bzw. Regen- oder Trockenzeit auf derselben Fläche im Wechsel zu finden. Zusätzlich haben beide Landbedeckungsarten durch die unterschiedliche pflanzliche Zusammensetzung ein inhomogenes Erscheinungsbild, so dass sie nicht eindeutig voneinander zu trennen sind. Des weiteren weisen diese beiden Nutzungsarten gerade im Vergleich zu den Cash-Crops einen relativ geringen Bedeckungsgrad auf, so dass sie in einer Kategorie zusammengefasst wurden.

Die visuelle Interpretation der Szene von 1986 verdeutlichte, dass mehrere spektral ähnlich erscheinende Regionen in die Kategorie Brache / Mischnutzung fallen, so dass zwei Flächen für diese Klasse herangezogen wurden, um eine mögliche Fehlinterpretation zu vermeiden.

Photo 10: Bracheflӓche 17.01.2002

Photo 11: Mischnutzung (Reis, Mais, Gemüse) 21.11.2001

Photo 12: Mischnutzung (Ölpalme, Gemüse, Kakao-Jungpflanzen) Juli 2002 (E. Fischer)

5) Primär- und Sekundärwald: Für beide Jahre wurden zwei Waldflächen ausgewählt, da der Taï-Nationalpark die einzige eindeutige Primärwaldfläche ist, während die anderen Waldareale überwiegend dem Sekundärwald in unterschiedlichen Sukzessionsstadien zuzuordnen sind. Aufforstungen, der am Sassandra gelegene Auenwald und die Ufervegetation haben ein ähnliches Erscheinungsbild wie der Sekundärwald und sind somit diesem Waldtyp zugeordnet.

Die unterschiedlichen Waldflächen sind im Satellitenbild jedoch nicht voneinander zu unterscheiden (s. Kap. 5.2), so dass die beiden ausgewählten Flächen kombiniert dargestellt werden.

Photo 13: Primärwald - Taï-Nationalpark (Ansicht vom Mont Niénokoué) 19.01.2002

Photo 14: Sekundärwald 16.01.2002

Photo 15: Ufervegetation des Sassandra 23.01.2002

6) Siedlungsflächen: Besonders größere Siedlungen oder Städte konnten eindeutig von den umliegenden überwiegend von Vegetation bedeckten Gebieten abgegrenzt werden. Die in Tab. 9 aufgeführte Siedlungstestfläche ist identisch (Sagboya - V6) und hat sich in dem Zeitraum von 15 Jahren deutlich ausgedehnt.

Photo16: Siedlung (Sagboya - V6) 27.01.2002

Da zu beiden Aufnahmezeitpunkten der Sassandra (s. Photo 15) die einzige Gewässerfläche darstellt, die gut zu identifizieren und von den anderen Klassen eindeutig zu unterscheiden ist, wird sie hier nicht extra als Trainingsfläche aufgeführt, geht aber in die Klassifikationen und Change Detection-Analyse mit ein (s. Kap. 5).

Klasse	Trainingsgebiet für	Flächengröße 1986	Flächengröße 2001
1	Kakao / Kaffee	305 ha	
1	Kakao		388 ha
1	Kaffee		175 ha
2	Hevea	347 ha	706 ha
3	Ölpalme	824 ha	824 ha
4	Brache / Mischnutzung	1) 1.283 ha 2) 614 ha	154 ha
5	Primärwald	1.118 ha	1.118 ha
5	Sekundärwald	561 ha	262 ha
6	Siedlungsfläche	182 ha	371 ha

Tab. 9: Trainingsgebiete der jeweiligen Klassen beider Datensätze und deren Größe in ha. Alle aufgeführten Flächen sind in den Abb. 6 (S. 43) und 7 (S. 44) markiert.

Die Auswahl der Kanalkombination NDVI-5-7 für die Klassifikation kann neben den in Kap. 4.3.2.4 angeführten Argumenten, mit den in ENVI errechneten statistischen Signaturparametern begründet werden. Die Eigenschaften der spektralen Signaturen aller Trainingsgebiete und Kanäle von beiden Datensätzen sind in Anhang IV (Deskriptive Statistik) aufgeführt. Diese Angaben beinhalten die minimalen und maximalen Grauwerte der einzelnen Kanäle, deren Mittelwert und die Standardabweichung. Die spektralen Unterschiede der Trainingsgebiete in jedem Kanal können anhand des Mittelwertes abgeschätzt werden. Die Standardabweichung drückt die Variabilität der Grauwerte in den einzelnen Spektralklassen aus (GANGKOFNER 1996; HILDEBRANDT 1996; JENSEN 1996; KERL 1996; MYINT-OO 2001).

In Abb. 8 und 9 sind die mittleren Grauwerte der Trainingsgebiete beider Datensätze abgebildet. Da die Kanäle NDVI-5-7 für die Klassifikation ausgewählt wurden, sind diese vor den übrigen Kanälen 1 - 4 dargestellt.

Abb. 6: Darstellung des Untersuchungsgebietes der Szene vom 16.01.1986 in der Kanalkombination 4-5-3 mit den ausgewählten Trainingsflächen

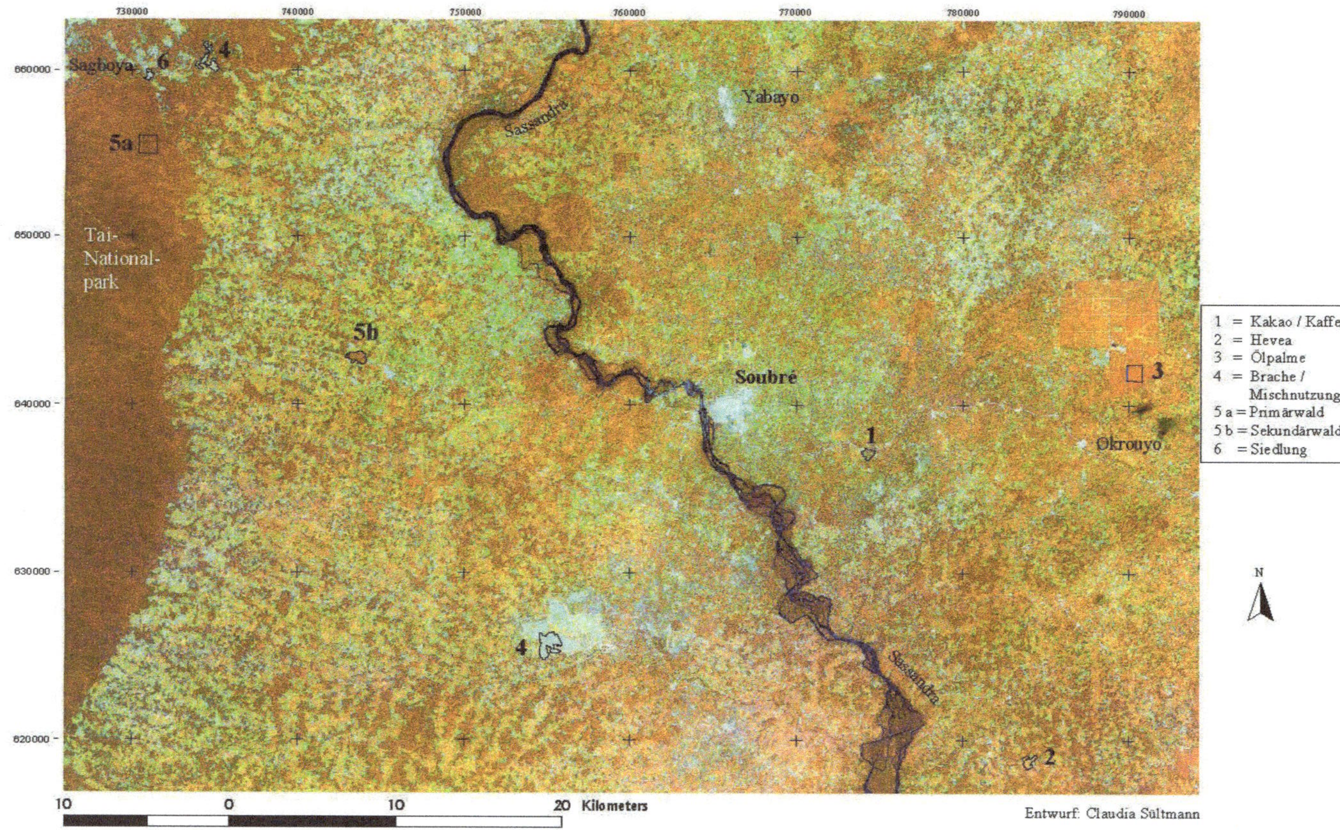

Entwurf: Claudia Sültmann

Abb. 7: Darstellung des Untersuchungsgebietes der Szene vom 18.02.2001 in der Kanalkombination 4-5-3 mit den ausgewählten Trainingsflächen

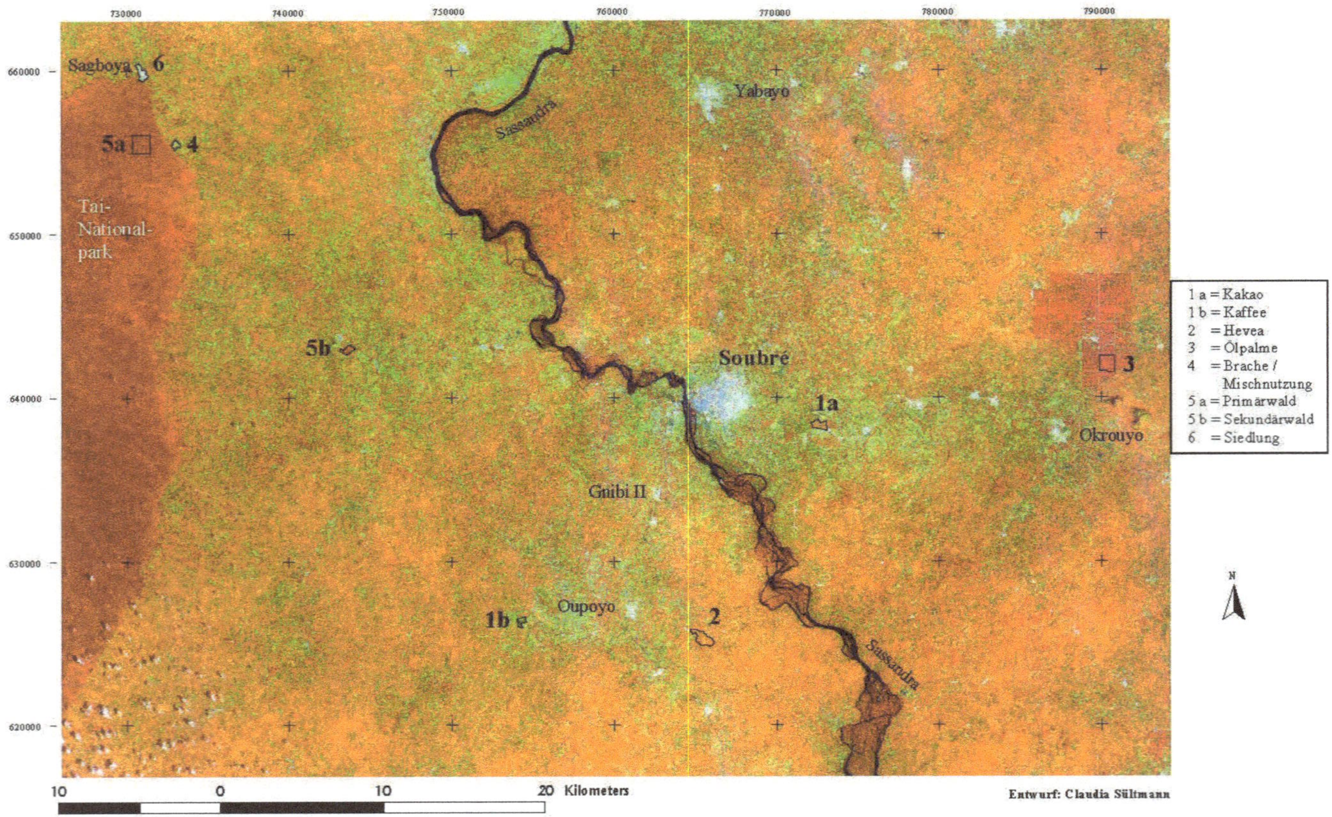

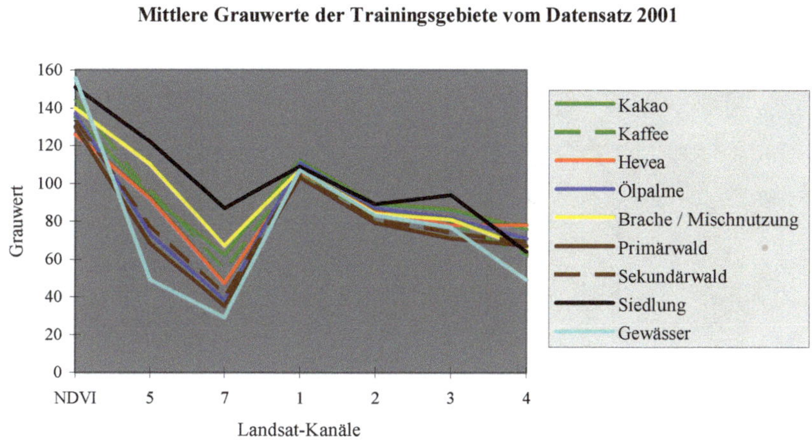

Abb. 8: Mittlere Grauwerte der Trainingsgebiete vom Datensatz 2001

In Abb. 8 wird ersichtlich, dass die mittleren Grauwerte der Kanäle 1 und 2 des Datensatzes von 2001 ähnliche Werte in allen Spektralklassen aufweisen. Eine eindeutige Zuweisung in die unterschiedlichen Kategorien ist nicht möglich.

Die statistischen Signaturparameter der Kanäle 3 und 4 sind nur der Vollständigkeit halber aufgeführt und können vernachlässigt werden, da die Informationen dieser beiden im NDVI zusammengefasst sind (KERL 1996).

Die mittleren Grauwerte der ausgewählten Kombination (NDVI-5-7) zeigen eine größere Variabilität in den Trainingsgebieten auf. Die Kanäle 5 und 7 weisen v.a. bei den vegetationsärmeren Kategorien Brache / Mischnutzung, Siedlung und Gewässer sehr hohe Grauwertspannen und hohe Standardabweichungen auf (s. Anhang IV). Dadurch können sehr viele Bildelemente diesen Kategorien zugewiesen werden, so dass es zu einer ungenauen Klassifikation kommen kann. Im Vergleich zu den anderen Kanälen ist die gewählte Kombination dennoch zuverlässiger und geeigneter, da die vegetationsreichen Klassen für diese Studie relevanter sind.

Die Analyse der statistischen Signaturparameter der Landsat-Kanäle für die einzelnen Trainingsgebiete zeigt, dass die Auswahl der Kanäle NDVI-5-7 eine deutlichere Unterscheidung der Spektralklasssen gewährleistet als die Kanäle 1 und 2.

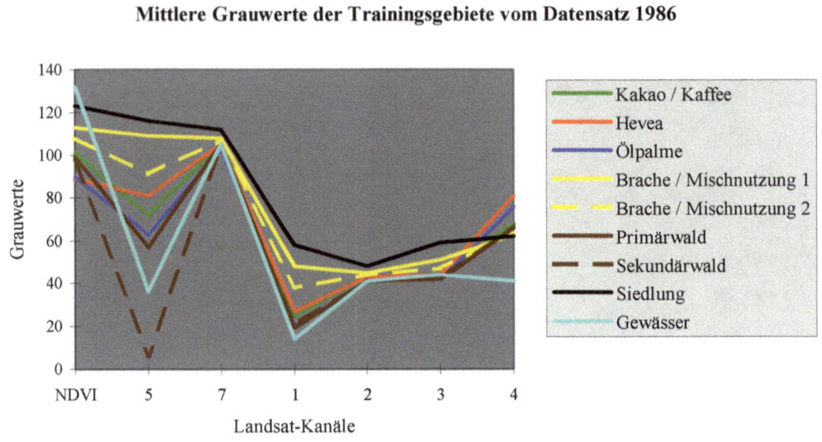

Abb. 9: Mittlere Grauwerte der Trainingsgebiete vom Datensatz 1986

Damit beide Szenen im weiteren Verlauf miteinander verglichen werden können, muss die Klassifikation mit der gleichen Kanalkombination durchgeführt werden.

Die mittleren Grauwerte der einzelnen Trainingsgebiete in den zur Verfügung stehenden Kanälen von 1986 sind in Abb. 9 (und Anhang IV) dargestellt.

Kanal 1 weist im Gegensatz zu dem von 2001 unterschiedliche Mittelwerte in den einzelnen Trainingsgebieten auf. Besonders gut zu unterscheiden sind die vegetationsärmeren Kategorien Siedlung, Brache / Mischnutzung und Gewässer (relativ hohe Standardabweichungen).

Kanal 2 hingegen hat sehr geringe Grauwertspannen zwischen den Spektralklassen (sehr niedrige Standardabweichung), lediglich die vegetationsärmeren Kategorien weisen leichte Abweichungen auf.

Kanal 5 hat deutlich variierende Mittelwerte (relativ geringe Standardabweichungen, außer in den vegetationsärmeren Kategorien), so dass die Spektralklassen in diesem Kanal gut zu unterscheiden sind. Der NDVI dieses Datensatzes weist größere Grauwertspannen zwischen den einzelnen Trainingsgebieten als der von 2001 auf (bei relativ geringen Standardabweichungen).

Kanal 7 hingegen hat in den Objektklassen sehr ähnliche spektrale Eigenschaften (ähnliche Grauwertverteilungen, niedrige Standardabweichung). Die Unterscheidung der Trainingsgebiete in diesem Kanal ist im Gegensatz zur Satellitenbildszene von 2001 nicht ideal.

Damit aber gleiche Voraussetzungen beider Datensätze bestehen, wurde dennoch Kanal 7 ausgewählt.
Die Informationen der Kanäle 3 und 4 sind im NDVI beinhaltet, weshalb auf diese nicht näher eingegangen wird (s.o.).
Mögliche Erklärungen für die verschiedenen spektralen Eigenschaften der Datensätze vom 16.01.1986 und 18.02.2001 sind die unterschiedlichen Aufnahmezeitpunkte, die damit verbundenen u.a. verschiedenen Aerosolgehalte oder die Sensoren.
Generell ist es problematisch, eine Kanalkombination zu finden, mit der alle Landnutzungsklassen gleichermaßen gut klassifiziert werden können. Durch die Selektion bestimmter Kanäle wird die Klassifikation nur einiger Spektralklassen favorisiert (in diesem Fall Cash-Crops und Wald), während für andere ungünstigere Voraussetzungen bestehen (Brache / Mischnutzung, Siedlung, Gewässer).
Die Statistik der gewählten Trainingsflächen beider Satellitenbildszenen zeigt, dass die Spektralkanäle NDVI-5-7 für die Klassifikation der für diese Studie relevanten Landnutzungsklassen geeignet sind.

4.3.3.2 Klassifikation

Nach den Verfahren der Datenvorverarbeitung und Bildverbesserung konnten die methodischen Schritte der Auswertung, d.h. die Klassifikationen und Veränderungsanalyse (Change Detection) durchgeführt werden.
Das Ziel einer spektralen Klassifikation ist, die Merkmalsausprägungen von Objekten zu erfassen und in endliche Nummern von Kategorien zu ordnen. Dabei werden spektrale Messwerte Bildelement für Bildelement analysiert und der Klasse zugewiesen, dessen Kriterium sie entsprechen (LÖFFLER 1994; PEINADO 2001).
In der Fernerkundung werden hauptsächlich zwei Methoden für die Klassifizierung verwendet, die visuelle Bildinterpretation und die automatischen Klassifizierungsverfahren. Bei der letzteren Möglichkeit, bei denen Pixel durch statistische Verfahren automatisch in spektrale Klassen eingeteilt werden, kann zwischen der unüberwachten (unsupervised) und der überwachten (supervised) Klassifikation unterschieden werden.
Nach der visuellen Interpretation und Festlegung der Trainingsgebiete wurde zunächst die unüberwachte und im Anschluss daran die überwachte Methode durchgeführt. Auf diese Weise konnten die Ergebnisse miteinander verglichen und, durch Berücksichtigung der jeweiligen Vor- und Nachteile der angewandten Verfahren, kritisch betrachtet werden.

4.3.3.2.1 Unüberwachte Klassifikation

Diese automatische Methode kann sowohl zur Vorbereitung einer überwachten Klassifikation dienen als auch als alleiniges Verfahren durchgeführt werden.
Bei der unüberwachten Klassifizierung wird das Bild zunächst lediglich auf Basis statistischer Verfahren, d.h. ohne Verwendung anderer Informationen, automatisch in Klassen unterteilt.
Das hier benutzte ISODATA-Verfahren (Iterative Self-Organizing Data Analysis Technique) ist eine der am häufigsten verwendeten Methoden. Dabei wird die Gesamtheit der Bildelemente durch Clusteranalysen in Klassen ähnlicher spektraler Eigenschaften unterteilt. Durch wiederholte Berechnung des Mittelwertes der Daten und Rekalkulation der Statistik werden die Pixel immer wieder neu klassifiziert. Dieser Vorgang wiederholt sich so lange, bis ausgewählte Kriterien erfüllt sind, z.B. die vorgegebene Schwelle der Anzahl pro Pixel in einer Klasse nicht mehr überschritten wird oder die maximale Wiederholungsrate erreicht wurde (ALBERTZ 2001; LILLESAND & KIEFER 2000; PEINADO 2001; WALZ 2000). Die besten Ergebnisse wurden hier bei einer Einstellung von minimal 20 und maximal 50 Clustern bei einer Wiederholung von 10 erzielt (s. Anhang V).
Nach der automatischen Berechnung mussten die Ergebnisse interpretiert und bestimmten Nutzungen zugeordnet werden. Die hier entstandenen 48 Cluster wurden mit den bekannten Trainingsflächen (s. Tab.7 und Abb. 6 und 7) im Falschfarbenkomposit 4-5-3 und dem NDVI verglichen und interaktiv in sieben Klassen zusammengefasst (s. Anhang VI).
Die Genauigkeit der erzielten Ergebnisse kann in unabhängigen Testgebieten gemessen und in Form einer Fehlermatrize (s. Kap. 5.2.2, Tab. 16 - 19) überprüft werden. In diesem Fall ergab die Überprüfung der unüberwachten Klassifikation eine Gesamtgenauigkeit (Overall Accuracy) von 94,59% der Szene von 1986 und von 89,23% der Daten von 2001.
Ein Vorteil dieser Art der Klassifikation ist, dass spektrale Klassen erfasst werden können, die z.B. bei der überwachten Methode (s. Kap. 4.3.3.2.2) aufgrund der visuellen Auswahl der Trainingsgebiete im Vorfeld eventuell nicht registriert werden.
Nachteil dieser automatischen Verfahren sind die vielen möglichen Fehlerquellen, z.B. Mischpixel - die nicht eindeutige Zuordnung heterogener Bildelemente in Objektklassen. Daher werden heute wenn möglich oft hybride Verfahren angewendet, d.h. sowohl cluster- als auch diskriminanzanalytische Ansätze, die jedoch mit der verwendeten Software nicht durchgeführt werden konnten (GANGKOFNER 1996).

4.3.3.2.2 Überwachte Klassifikation

Bei der überwachten Methode wird im Gegensatz zur unüberwachten vor der automatischen Klassifikation eine visuelle Interpretation durchgeführt.
Es werden a-priori Trainingsgebiete am Bildschirm vom Interpreten visuell erfasst und interaktiv festgelegt, d.h. ein Interpretationsschlüssel erstellt. Die charakteristische Datenmenge (v.a. spektrale Reflexion) dieser abgegrenzten Flächen dient als Referenz für Kategorien, deren inhaltliche Bedeutung bereits bekannt und definiert ist und die somit die jeweilige Objektklasse repräsentieren. In dieser Studie wurden die in Kapitel 4.3.3.1 aufgeführten Testflächen im ausgewählten Ausschnitt festgelegt (s. Abb. 6 und 7).
Im nächsten Schritt wird ein pixelweiser Vergleich der gesamten Datenmenge mit den Bildelementen der Testgebiete durchgeführt. Gängige Methoden der automatischen Zuweisung der Pixel in Klassen sind u.a. die Maximum-Likelihood- oder die Minimum-Distance-Methode. Für die überwachte Klassifikation wurde in dieser Studie die Maximum-Likelihood-Berechnung benutzt, d.h. das Verfahren der größten Wahrscheinlichkeit. Dieser Klassifizierungsalgorithmus berechnet aufgrund statistischer Kenngrößen (Mittelwert, Streuung) der vorgegebenen Klassen die Wahrscheinlichkeit, mit der die einzelnen Bildelemente diesen Klassen angehören. Die Zuordnung erfolgt dann in die Kategorie, in die es bezüglich der Grauwertverteilung mit der größten Wahrscheinlichkeit fällt. Pixel, die keiner Klasse angehören werden 0 zugeordnet (ALBERTZ 2001; GANGKOFNER 1996; HILDEBRANDT 1996; LILLESAND & KIEFER 2000; LÖFFLER 1994; WALZ 2000).
Ebenso wie bei der unüberwachten Klassifikation kann das Ergebnis für die Trainingsgebiete anhand der Confusion-Matrix überprüft werden. Die Genauigkeit der hier durchgeführten Klassifikation beträgt 92,49% für die Daten von 1986 und für die Szene von 2001 97,58% (s. Kap. 5.2.2, Tab. 17 und 19).
Als kritisch an dieser Methode kann angemerkt werden, dass es besonders im Trainingsstadium zu statistisch nicht repräsentativen Trainingsklassen kommen kann, und die räumlichen Zusammenhänge durch die pixelweise Bildklassifizierung unberücksichtigt bleiben können. Somit ist die Auswahl der Testgebiete und die Qualität dieser von grundlegender Bedeutung für das Klassifikationsresultat (GANGKOFNER 1996).

4.3.3.3 Change Detection

Die erstellten Klassifikationsergebnisse der beiden Satellitenbilder aus den Jahren 1986 und 2001 werden in einem weiteren Schritt miteinander verglichen.
Change Detection ist die Erfassung von Veränderungen, d.h. ein Prozess, in dem die Differenz des Zustands eines Objektes oder Phänomens durch die Beobachtungen zu unterschiedlichen Zeitpunkten identifiziert und ermittelt wird (MYINT OO 2001). In der vorliegenden Studie wurden Datensätze von zwei Aufnahmezeitpunkten (16.01.1986 und 18.02.2001) benutzt, um den Landbedeckungswandel des Untersuchungsgebietes zwischen den Datenaufnahmen festzustellen. Die digitale Erfassung dieser Veränderung beruht auf der Annahme, dass der Landnutzungswechsel auf den Parzellen auch zu Veränderungen der spektralen Reflexion führt, und somit die Hauptursache für die Differenz der Reflexionswerte ist (LINDGREN 1985).
Die idealen Voraussetzungen für diesen Arbeitsschritt sind die Übereinstimmung der Sensoren, der räumlichen Auflösung, der spektralen Kanäle und des Aufnahmezeitpunktes. Des weiteren sollte die Registrierung nicht mehr als 1/4 oder 1/3 Pixel abweichen. Generell müssen die Umweltbedingungen, die Zustände zu den verschiedenen Aufnahmezeitpunkten (z.B. Ernte- oder Saatzeit) und die atmosphärischen Effekte beachtet werden (LILLESAND & KIEFER 2000; ZERDA 1998).
Die hier verwendeten Datensätze erfüllten diese Anforderungen, so dass der Vergleich der beiden einzeln klassifizierten Bilder durchgeführt wurde.
Für die Change Detection-Analyse sind die in ENVI erstellten Klassifikationsergebnisse als Vektordaten in ein Geographisches Informationssystem (GIS) überführt worden. In einem aus Hardware, Software, Daten und Anwendungen bestehenden Geographischen Informationssystem können raumbezogene Daten digital erfasst und redigiert, gespeichert und reorganisiert, modelliert und analysiert sowie alphanumerisch und graphisch präsentiert werden. Somit wird die Integration von z.B. Satellitendaten, kartographischen, statistischen oder meteorologischen Daten in einem System ermöglicht (WALZ 2000).
Zur Darstellung des Landnutzungswandels wurde das GIS-Programm Arc View (3.2) benutzt. Einzelne Klassen beider Datensätze wurden ausgewählt und durch die Operation. „intersect" miteinander verschnitten: „This operation cuts an input theme with the features from an overlay theme to produce an output theme with features that have attribute data from both themes" (ArcView 3.2 - Help 1999). Durch diesen Prozess werden nur die Bildelemente abgebildet, die zu beiden Aufnahmezeitpunkten die gleiche klassifizierte Landbedeckung aufwiesen. In Kap. 5.3 werden die den ausgewählten Klassen zugewiesenen Pixel der Jahre 1986 und 2001 und die Überschneidungen dieser jeweils separat in einer Abbildung dargestellt.

Die methodischen Arbeitsschritte des 4. Kap. sind in Abb. 10 zusammengefasst dargestellt.

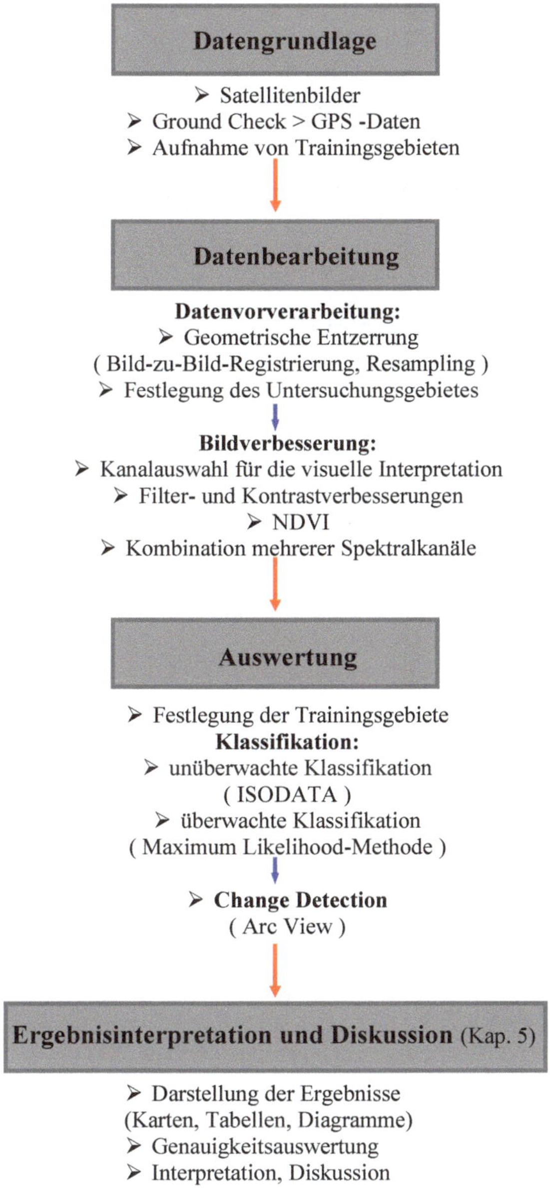

Abb. 10: Methodische Arbeitsschritte

5. Ergebnisinterpretation und Diskussion

Die durch die Bearbeitung und Auswertung erzielten Ergebnisse werden zunächst graphisch dargestellt, bewertet und anschließend diskutiert und interpretiert.

5.1 Ergebnisse der Landnutzungsklassifikation

Durch die in Kap. 4.3.3.2 beschriebenen Klassifikationsmethoden wurden sieben Kategorien der Landnutzung bzw. -bedeckung herausgestellt. Der Großteil des Untersuchungsgebietes wird von den Cash-Crops Kakao und Kaffee (1), Hevea (2) und Ölpalme (3) eingenommen. Bracheflächen und die verschiedenen Formen der Mischnutzung sind in einer weiteren Landnutzungsklasse (4) zusammengefasst. Die Waldtypen Primär- und Sekundärwald und in einem geringeren Umfang Auenwald, Ufervegetation und Aufforstungen sind der 5. Kategorie zugeordnet.

Versiegelte Areale wie Städte, kleinere Siedlungen, Pisten und geteerte Straßen (6) sind in einer Klasse kombiniert und bilden neben dem Gewässer (7) den vegetationsarmen bzw. -losen Flächentyp.

Die Ergebnisse der in Kap.4.3.3.2 beschriebenen Klassifikationen können folgendermaßen dargestellt werden:

Klasse	Anteil in %	Pixel	Fläche in ha	Symbol
1 Kakao / Kaffee	41,66	1.461.155	131.355	
2 Hevea	14,30	501.674	45.099	
3 Ölpalme	3,52	123.370	11.091	
4 Brache / Mischnutzung	12,67	444.375	39.948	
5 Wald	26,64	934.451	84.005	
6 Siedlungsflächen	0,41	14.463	1.300	
7 Gewässer	0,79	27.828	2.502	
Gesamt	100	3.507.316	315.300	

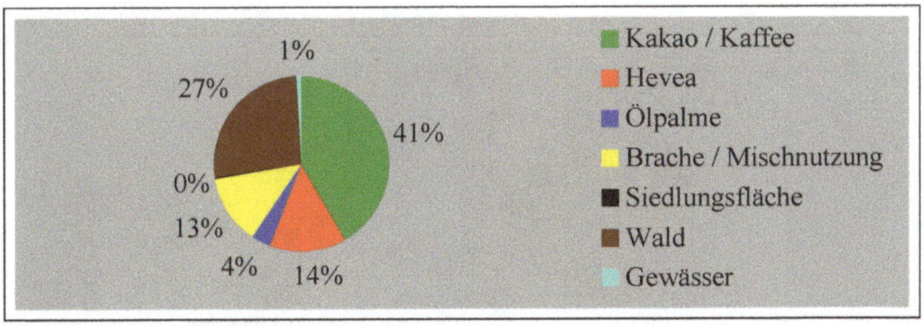

Tab. 10 (inkl. Diagramm): Ergebnis unüberwachte Klassifikation des Satellitenbildes vom 16.01.1986

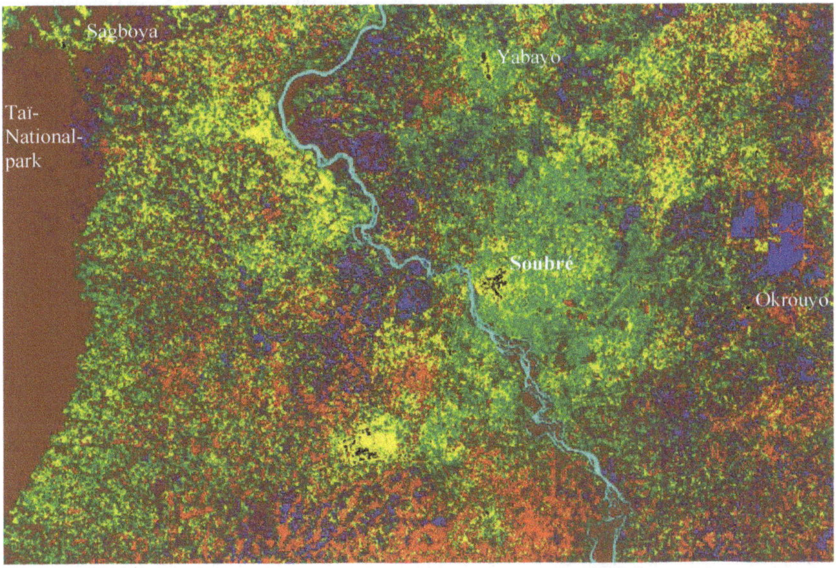

Abb. 11: Kombinierte unüberwachte Klassifikation vom 16.01.1986 (Legende s. Tab. u. Diagramm)

Die Resultate der unüberwachten Klassifikation der Daten aus dem Jahre 2001:

Klasse	Anteil in %	Pixel	Fläche in ha	Symbol
1 Kakao / Kaffee	47,54	1.667.423	149.898	
2 Hevea	12,86	451.140	40.556	
3 Ölpalme	3,94	138.041	12.410	
4 Brache / Mischnutzung	15,48	542.841	48.800	
5 Wald	17,17	602.261	54.142	
6 Siedlungsflächen	2,17	75.959	6.829	
7 Gewässer	0,85	29.651	2.666	
Gesamt	100	3.507.316	315.300	

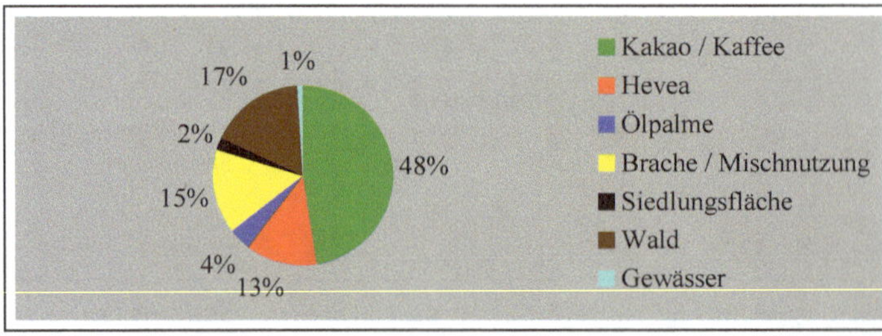

Tab. 11 (inkl. Diagramm): Ergebnis unüberwachte Klassifikation des Satellitenbildes vom 18.02.2001

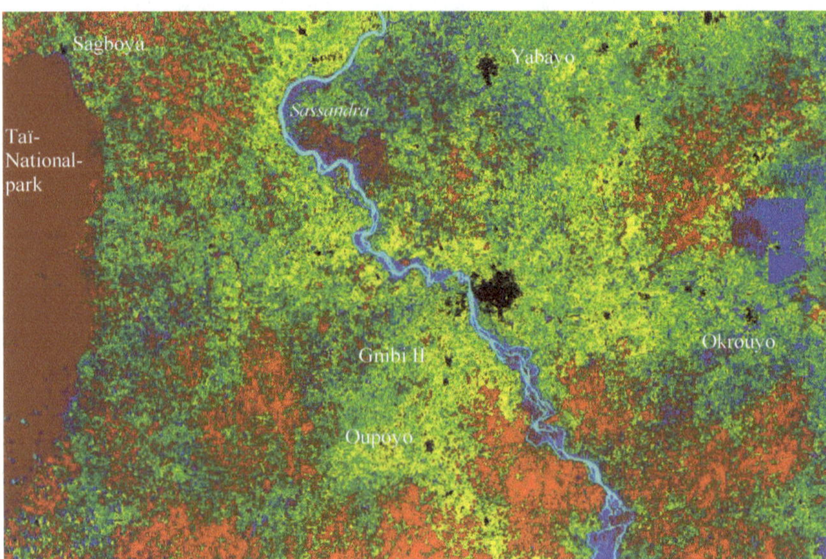

Abb. 12: Kombinierte unüberwachte Klassifikation vom 18.02.2001 (Legende s. Tab. u. Diagramm)

Klasse	Anteil in %	Pixel	Fläche in ha	Symbol
1 Kakao / Kaffee	39,33	1.379.378	124.003	
2 Hevea	11,54	404.672	36.379	
3 Ölpalme	2,09	73.415	6.600	
4 Brache / Mischnutzung	18,36	643.788	57.875	
5 Wald	27,52	965.311	86.779	
6 Siedlungsflächen	0,21	7.249	652	
7 Gewässer	0,96	33.503	3.012	
Gesamt	100	3.507.316	315.300	

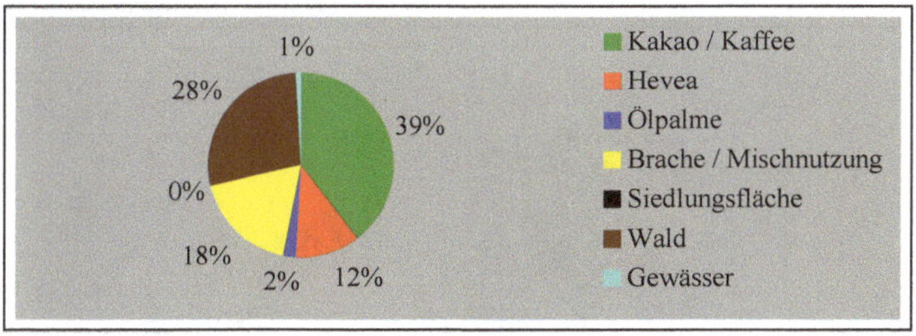

Tab. 12 (inkl. Diagramm): Ergebnis überwachte Klassifikation des Satellitenbildes vom 16.01.1986

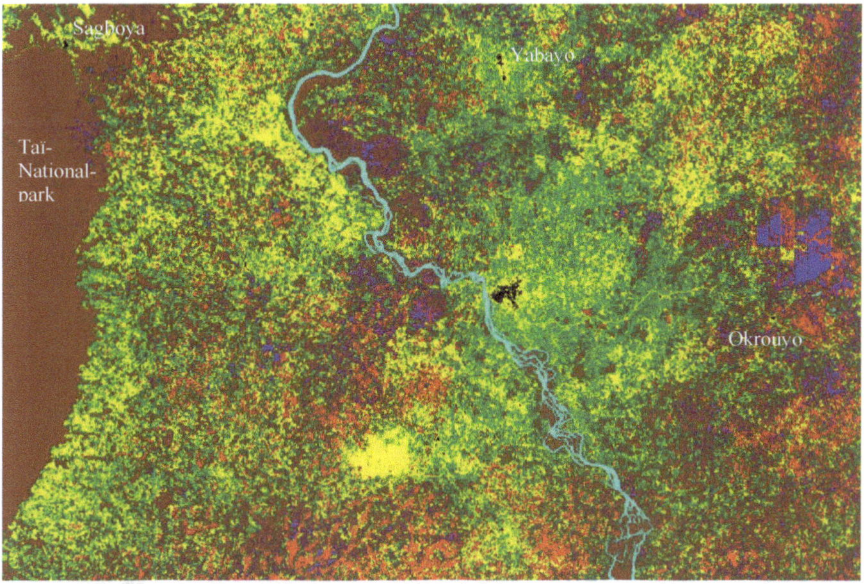

Abb. 13: Überwachte Klassifikation vom 16.01.1986 (Legende s. Tab. u. Diagramm)

Die Resultate der überwachten Klassifikation der Daten aus dem Jahre 2001:

Klasse	Anteil in %	Pixel	Fläche in ha	Symbol
1 Kakao / Kaffee	48,68	1.707.499	153.501	
2 Hevea	10,81	379.148	34.085	
3 Ölpalme	1,82	63.773	5.733	
4 Brache / Mischnutzung	17,04	597.694	53.731	
5 Wald	18,59	652.003	58.614	
6 Siedlungsflächen	1,75	61.386	5.518	
7 Gewässer	1,31	45.813	4.119	
Gesamt	100	3.507.316	315.300	

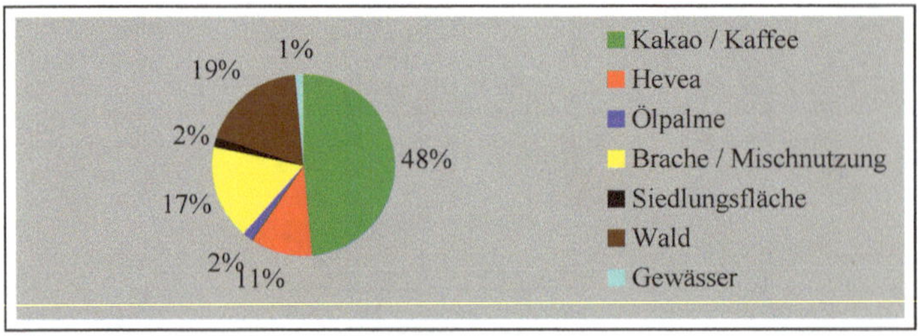

Tab. 13 (inkl. Diagramm): Ergebnis überwachte Klassifikation des Satellitenbildes vom 18.02.2001

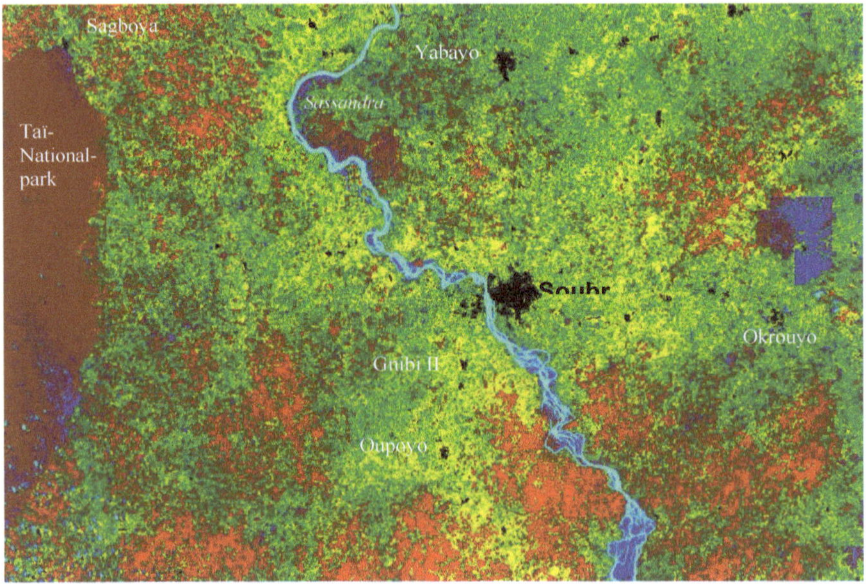

Abb. 14: Überwachte Klassifikation vom 18.02.2001 (Legende s. Tab. u. Diagramm)

5.2 Genauigkeitsauswertung der Klassifikationsergebnisse

Die quantitative Beurteilung der Klassifikationsergebnisse der Datensätze von 1986 und 2001 wurde anhand der Trennbarkeit der einzelnen Spektralklassen und der Confusion Matrix beider Methoden durchgeführt.

5.2.1 Trennbarkeit der Spektralklassen

Für die Beurteilung der Klassifikationsergebnisse wurden die spektralen Signaturen der Objektklassen miteinander verglichen.

Die spektrale Trennbarkeit (Separability) der einzelnen Spektralklassen wurde in ENVI nach der Berechnung des Jeffries-Matusita (JM) ermittelt (s. Tab. 14 und 15) (s.a. RICHARDS & JIA 1999). Die in den Tabellen aufgeführten Werte geben die Trennbarkeit jeder spektralen Signatur von den anderen Signaturen für die Jahre 1986 und 2001 an.

Die Ergebnisse liegen zwischen 0 und 2. Signaturen mit Werten über 1,9 zeigen an, dass sie sehr gut von den anderen Kategorien zu differenzieren sind, zwischen 1,9 und 1,7 ist die Trennung der Klassen entweder gut oder niedrig. Bei Werten unter 1,7 ist eine Unterscheidung schwierig, die Flächen sollten entweder bearbeitet (z.B. verkleinert) oder neue ausgewählt werden. Weisen mehrere ähnliche Spektralklassen sehr geringe Werte auf, können diese in einer Kategorie zusammengefasst werden (s.u. Brache / Mischnutzung 1986, Kakao / Kaffee 2001 und Waldflächen beider Datensätze) (LILLESAND & KIEFER 2000; MYINT-OO 2001; RICHARDS & JIA 1999; ZERDA 1998).

Die fett markierten Zahlen liegen unter 1,9, d.h. diese Spektralklassen sind nicht eindeutig voneinander zu unterscheiden.

	Kakao / Kaffee	Hevea	Ölpalme	Brache / Mischn.1	Brache / Mischn. 2	Primär-wald	Sekundär-wald	Siedlung
Hevea	1.95252							
Ölpalme	1.98281	1.99954						
Brache / Mischn. 1	**1.81537**	1.99950	1.99999					
Brache/ Mischn. 2	**1.81537**	1.96541	1.99970	**1.37365**				
Primär-wald	1.93179	1.99999	1.98864	1.99999	1.99892			
Sekundär-wald	**1.75512**	1.99883	1.90219	1.99995	1.99341	**1.32634**		
Siedlung	1.99954	1.99999	2.00000	**1.74457**	**1.80444**	1.99999	1.99999	
Gewässer	1.99999	2.00000	2.00000	2.00000	1.99999	1.99999	1.99999	1.99999

Tab. 14: Trennbarkeit der Spektralklassen vom 16.01.1986 nach Jeffries-Matusita

Tab. 14 zeigt, dass die meisten Spektralklassen im Datensatz von 1986 gut voneinander zu trennen sind.

Schwierigkeiten treten häufig mit der Objektklasse Kakao / Kaffee auf. Bei der Spektralklasse Brache / Mischnutzung liegt der Wert zwar unter 1,9, ist aber dennoch ausreichend hoch. Eine spektrale Überschneidung der beiden Objektklassen Kakao / Kaffee und Brache / Mischnutzung konnte bei der Festlegung der Trainingsgebiete nicht festgestellt werden. Die Unterscheidung von Sekundärwald ist mit Werten unter 1,9 nicht eindeutig, was bereits bei der visuellen Interpretation registriert wurde.

Die Spektralklassen Brache / Mischnutzung sind nach der Berechnung des Jeffries-Matusita von Siedlungsflächen nicht präzise zu trennen. Die spektrale Ähnlichkeit wurde auch bei der visuellen Interpretation festgestellt.

Die Tatsache, dass die niedrigsten Werte in den Objektklassen Brache / Mischnutzung und den Waldtypen Primär- und Sekundärwald auftreten, ist darauf zurückzuführen, dass mehrere Spektralklassen eine Landnutzungsklasse repräsentieren (s. Kap. 4.3.3.1). Dadurch, dass sowohl die unterschiedlichen Waldgebiete als auch die Brache- / Mischnutzungsareale keine eindeutige Trennbarkeit (>1,9) aber eine spektrale Übereinstimmung (1,3) untereinander aufweisen, wird die Feststellung des Ground Checks und der visuellen Interpretation bestätigt, dass die Variabilität der spektralen Reflexion innerhalb dieser Kategorien größer ist als in anderen Objektklassen. In der Ergebnisdarstellung der Klassifikation und für die

Change Detection-Analyse werden zum einen die beiden Testgebiete von Brache / Mischnutzung und zum anderen die des Primär- und Sekundärwaldes zusammengelegt.

Hevea, Ölpalme und Gewässer sind von allen anderen Klassen mit Werten von z.T. 2,0 eindeutig zu differenzieren.

Insgesamt treten die geringsten Werte der Trennbarkeit in Verbindung mit der Spektralklasse Kakao / Kaffee auf, des weiteren sind Brache / Mischnutzung und Siedlung schwer voneinander zu unterscheiden. Die Wahl alternativer Testflächen konnte die Resultate der statistischen Trennbarkeit nicht verbessern, so dass die ausgesuchten Areale beibehalten wurden.

	Kakao	Kaffee	Hevea	Ölpalme	Brache / Mischn.	Primär-wald	Sekundär-wald	Siedlung
Kaffee	1.99761							
Hevea	**1.80521**	1.99999						
Ölpalme	1.99947	1.99999	1.99999					
Brache / Mischn.	**1.74549**	**1.63753**	1.95607	1.99998				
Primär-wald	1.99998	1.99937	1.99999	1.99999	1.99893			
Sekundär-wald	1.94416	1.97894	1.98196	1.99995	1.91234	**1.70021**		
Siedlung	1.99884	**1.86148**	1.99999	1.99999	**1.75557**	1.99998	1.99970	
Gewässer	1.99335	1.98586	1.99889	1.99636	1.99727	1.99440	1.97844	1.99768

Tab. 15: Trennbarkeit der Spektralklassen vom 18.02.2001 nach Jeffries-Matusita

Die spektrale Trennbarkeit für die Szene vom 18.02.2001 ist für die Mehrzahl der Objektklassen als sehr gut zu bewerten.

Im Gegensatz zum Datensatz von 1986 sind die Cash-Crops Kakao und Kaffee für 2001 zunächst mit jeweils einer Spektralklasse in die Klassifikation eingegangen (s. Kap. 4.3.3.1). Dadurch, dass diese beiden Pflanzen im Gelände selten getrennt voneinander auf großflächigen Arealen angepflanzt sind, werden sie auch in den Ergebnisdarstellungen zusammengefasst.

Die Tatsache, dass die beiden Spektralklassen nach der Berechnung des Jeffries-Matusita gut voneinander zu differenzieren sind, ist auf die Testgebietswahl einer jungen Kaffeepflanzung zurückzuführen. Generell sind die Pflanzungen dieser Cash-Crops im Untersuchungsgebiet älter, z.T. überaltert, so dass diese gewählte Fläche nicht den Voraussetzungen eines idealen Trainingsgebietes entspricht, während des Ground Checks aber trotzdem aufgenommen wurde. Dieses eindeutig zu identifizierende, große Gebiet musste in die Auswertung integriert werden, da es sonst zu einer Fehlklassifikation gekommen wäre (vermutlich in die Klasse Brache / Mischnutzung).

Der JM-Berechnung nach weist Kakao bei der Unterscheidung mit Hevea und Brache / Mischnutzung Probleme auf. Spektrale Ähnlichkeit und somit gravierende Schwierigkeiten bei der Differenzierung dieser beiden Exportkulturen und zwischen Kakao und Brache / Mischnutzung wurden bei der visuellen Interpretation jedoch nur minimal registriert.

Kaffee ist von Brache / Mischnutzung und von Siedlung nicht eindeutig zu trennen. Das vergleichbare spektrale Verhalten von Kaffee und Brache / Mischnutzung lässt sich speziell bei dieser Kaffeepflanzung auf die jungen Bäume zurückführen, die einen geringen Bedeckungsgrad haben, der dem der lichten Vegetation der Brache- und Mischnutzungsflächen ähnelt.

Siedlungsflächen sind nicht eindeutig von Brache- / Mischnutzungsflächen zu unterscheiden. Die spektrale Ähnlichkeit dieser beiden Kategorien konnte sowohl durch den Ground Check als auch durch die visuelle Auswertung am Bildschirm festgestellt werden. Die Auswahl alternativer Trainingsgebiete verbesserte die Werte nicht, so dass mit diesen Ergebnissen weiter gearbeitet wurde.

Primär- und Sekundärwald sind eindeutig von den restlichen Kategorien zu differenzieren. Die niedrigen Trennbarkeitswerte zwischen diesen beiden Waldtypen sind damit zu begründen, dass beide Spektralklassen die gleiche Bodenbedeckungsklasse darstellen (s. Kap. 4.3.3.1). Für die Ergebnisdarstellung und Change Detecion-Analyse werden diese beiden Kategorien zusammengefasst.

Hevea ist bis auf die Ähnlichkeit mit Kakao (s.o.) von allen übrigen Kategorien gut zu unterscheiden. Ölpalme und Gewässer weisen dieser Berechnung nach keine spektrale Überschneidung mit anderen Objektklassen auf.

Der Vergleich der beiden Szenen zeigt, dass sowohl 1986 als auch 2001 die Spektralklassen Kakao und Kaffee nicht ideale Werte der Trennbarkeit aufweisen und eine spektrale Ähnlichkeit zwischen den Objektklassen Brache / Mischnutzung und Siedlung und Brache / Mischnutzung und Kakao / Kaffee besteht. Die übrigen Objektklassen sind der Jeffries-Matusita-Berechnung nach gut voneinander zu unterscheiden.

5.2.2 Confusion Matrix

Die Klassifikationsergebnisse werden in der Confusion Matrix (Error Matrix / Fehlermatrize) dargestellt und können anhand dieser überprüft werden (s. Tab. 16 - 19). Dabei wird die Beziehung zwischen den Referenzdaten (Spalte) und den korrespondierenden Resultaten der automatischen Klassifikation (Zeile) von Kategorie zu Kategorie verglichen. Die Ergebnisse dieser statistischen Auswertung werden in Prozent angegeben (KERL 1996; LILLESAND & KIEFER 2000).

Die Overall Accuracy gibt an, wieviel Prozent der gesamten Bildelemente bei der Klassifikation richtig zugeordnet wurden. Die Gesamtgenauigkeit wird durch die Division aller korrekt klassifizierten Bildelemente (Werte auf der Diagonalen - rot markiert) und der gesamten Zahl der Pixel der Trainingsgebiete errechnet. Diese Angabe ist ein Wert für das gesamte klassifizierte Bild, ohne auf die einzelnen Landnutzungsklassen einzugehen.
Der Kappa Coefficient (K) ist ein Maß der Genauigkeit und drückt die Effektivität der Klassifikation aus (CAMPBELL 1996; JENSEN 1996). CAMPBELL (1996: 389) definiert den Kappa Coefficient folgendermaßen: „Kappa is a measure of the difference between the observed agreement between two maps (as reported by the diagonal entries in the error matrix) and the agreement that might be attained solely by change matching of the two maps.“
Der Kappa Coefficient berücksichtigt im Gegensatz zur Gesamtgenauigkeit nicht nur die korrekt zugewiesenen Pixel, sondern die einzelnen Kategorien und die Fehlklassifikationen in diesen.
Der Kappa Coefficient wird aus der expected agreement (aktuelle Übereinstimmung) - der Summe der Diagonalen und der chance agreement (zufällige Übereinstimmung) - der Summe der Produkte aus Zeilen und Spalten, berechnet (CAMPBELL 1996; KERL 1996).

$$K = \frac{\text{expected agreement} - \text{chance agreement}}{1 - \text{chance agreement}}$$

Da es sich bei der Overall Accuracy und dem Kappa Coefficient um zwei Maße mit unterschiedlichen Informationen handelt, können die Resultate beider voneinander abweichen. Treten bei einer Klassifikation viele Fehlzuweisungen (s.u. Commission und Omission) auf, kann der Kappa Coefficient niedriger sein als die Gesamtgenauigkeit. Der

Wert einer Klassifikation, die auf Referenzdaten beruht tendiert Richtung 1, während sich der Wert einer zufälligen Klassifikation 0 nähert (CAMPBELL 1996; JENSEN 1996; KERL 1996; LILLESAND & KIEFER 2000).

Durch diese Berechnung kann zum einen ausgesagt werden, ob die Resultate, die in der Fehlermatrize präsentiert sind, deutlich besser sind als die einer zufälligen Klassifikation, zum anderen können zwei ähnliche Matrizen verglichen werden um herauszufinden, ob sie sich signifikant unterscheiden (JENSEN 1996).

Während alle Pixel auf der Diagonalen (von links oben nach rechts unten) richtig klassifizierte Bildelemente sind, zeigt der Wert außerhalb der Diagonalen an, wieviel Prozent der Pixel falsch klassifiziert wurden und in welche Spektralklasse diese Zuweisung erfolgte. Die Fehlklassifikationen sind in Commission, d.h. unter Einbeziehung von Pixeln anderer Kategorien - dargestellt in den Zeilen, und als Omission, den Ausschluss von Bildelementen einer Kategorie - aufgelistet in den Spalten, unterteilt (CAMPBELL 1996; JENSEN 1996; LILLESAND & KIEFER 2000).

Die Producer's Accuracy (Herstellergenauigkeit) drückt aus, zu welchem Anteil die Pixel der Trainingsgebiete richtig klassifiziert worden sind und ist ein Maß des Omission Fehlers. Dabei werden die korrekt klassifizierten Bildelemente jeder einzelnen Kategorie (Diagonale) durch die Pixelanzahl des entsprechenden Trainingsgebietes (Gesamtzahl der Spalte) geteilt.

Bei der User's Accuracy (Nutzergenauigkeit) wird die Zahl der richtig zugeordneten Pixel jeder Trainingsfläche mit der gesamten Zahl der Bildelemente, die in diese Kategorie klassifiziert wurden (gesamte Zeile) dividiert. Dieser Wert ist ein Maß des Commission Fehlers, d.h. es wird die Wahrscheinlichkeit angegeben, mit der ein Pixel, das in eine bestimmte Kategorie klassifiziert wurde tatsächlich diese Landbedeckung am Boden repräsentiert (CAMPBELL 1996; JENSEN 1996; LILLESAND & KIEFER 2000).

Die Confusion Matrix gibt nur einen Hinweis auf die Qualität der Klassifikation des gesamten Gebietes, da es sich bei dieser Auswertung lediglich um eine von den Trainingsgebieten extrahierten Statistik handelt.

Die guten Resultate der Fehlermatrize verdeutlichen, dass es sich bei den ausgewählten Testflächen um homogene Areale handelt, die spektral trennbar sind und die durchgeführte Klassifikationsmethode auf diese Gebiete bezogen anwendbar ist (CAMPBELL 1996; JENSEN 1996; LILLESAND & KIEFER 2000).

Wie in Kap. 5.1 zu sehen ist, unterscheiden sich die Ergebnisse der beiden durchgeführten Klassifikationsmethoden. Für die Selektion der präziseren Daten wurden die Ergebnisse der unüberwachten und der überwachten Klassifikation beider Jahre anhand der Confusion Matrix überprüft und miteinander verglichen. Die Resultate der ausgewählten Methode fließen in die Veränderungsanalyse (Change Detection) und Ergebnisinterpretation ein.

Sowohl die Overall Accuracy als auch der Kappa Coefficient des Datensatzes vom 16.01.1986 ist bei der unüberwachten Klassifikation mit 94,59% und 0,93 (s. Tab. 16) und bei der überwachten mit 92,49% und 0,91 (s. Tab. 17) hoch. Die alleinige Betrachtung dieser beiden Werte reicht für die Beurteilung der Ergebnisse jedoch nicht aus. Daher wird die Genauigkeit der einzelnen Landnutzungsklassen inklusive der Fehlzuweisungen analysiert, wobei nur Fehler > 1% berücksichtigt werden.

Overall Accuracy: 94.59% **Kappa Coefficient:** 0.93

Ground Truth (Percent)								
Class	Kakao / Kaffee	Hevea	Ölpalme	Brache / Mischn.	Wald	Siedlung	Gewässer	Total
Unclassified	0.00	0.00	0.00	0.00	0.00	0.00	0.00	0.00
Kakao / Kaffee	**92.92**	0.52	1.09	6.89	0.16	0.00	0.00	7.53
Hevea	1.47	**97.41**	0.22	1.03	0.00	0.00	0.00	7.81
Ölpalme	0.00	0.00	**97.16**	0.00	0.72	0.00	0.00	17.99
Brache/Mischn.	0.59	1.55	0.00	**91.94**	0.00	15.35	0.00	13.34
Wald	5.01	0.52	1.53	0.00	**99.11**	0.00	0.00	25.32
Siedlung	0.00	0.00	0.00	0.15	0.00	**84.65**	9.21	5.71
Gewässer	0.00	0.00	0.00	0.00	0.00	0.00	**90.79**	22.31
Total	100.00	100.00	100.00	100.00	100.00	100.00	100.00	100.00

Class	**Com**	**Om**	**PA**	**UA**
Kakao/Kaffee	17.99	7.08	92.92	83.78
Hevea	3.63	2.59	97.41	96.41
Ölpalme	0.98	2.84	97.16	99.00
Brache/Mischn.	5.72	8.06	91.94	94.14
Wald	2.66	0.89	99.11	97.39
Siedlung	56.44	15.35	84.65	60.00
Gewässer	0.00	9.21	90.79	100.00

Tab. 16: Confusion Matrix: Unüberwachte Klassifikation des Datensatzes vom 16.01.1986

Overall Accuracy: 92.49% **Kappa Coefficient:** 0.91

Ground Truth (Percent)

Class	Kakao / Kaffee	Hevea	Ölpalme	Brache / Mischn.1	Brache/ Mischn.2	Sekundär-wald	Primär-wald	Siedlung	Gewässer	Total
Unclassified	0.00	0.00	0.00	0.00	0.00	0.00	0.00	0.00	0.00	0.00
Kakao / Kaffee	**94.40**	0,26	0.00	0.07	1.32	0.16	0.16	0.00	0.00	5.03
Hevea	0.00	**99.22**	0.66	0.00	0.44	0.00	0.00	0.00	0.00	5.57
Ölpalme	0.00	0.00	**96.17**	0.00	0.00	3.69	0.08	0.00	0.00	12.84
Bra/Mischn.1	0.00	0.00	0.00	**88.92**	7.62	0.00	0.00	2.48	0.00	18.82
Bra/Mischn.2	1.77	0.52	0.00	7.92	**89.44**	0.00	0.00	4.46	0.00	10.51
Sekundärwald	3.83	0.00	3.17	0.00	0.00	**84.43**	10.31	0.00	0.00	9.88
Primärwald	0.00	0.00	0.00	0.00	0.00	8.51	**89.45**	0.00	0.00	16.53
Siedlung	0.00	0.00	0.00	3.09	1.17	3.37	0.00	**93.07**	0.00	3.41
Gewässer	0.00	0.00	0.00	0.00	0.00	0.00	0.00	0.00	**100.00**	17.42
Total	100.00	100.00	100.00	100.00	100.00	100.00	100.00	100.00	100.00	100.00

Class	Com	Om	PA	UA
Kakao/Kaffee	10.03	5.60	94.40	90.40
Hevea	2.33	0.78	99.22	97.70
Ölpalme	2.62	3.83	96.17	97.35
Brache/Mischn.1	4.00	11.08	88.92	95.70
Brache/Mischn.2	19.06	10.56	89.44	82.43
Sekundärwald	27.29	15.57	84.43	75.57
Primärwald	4.27	10.55	89.45	95.45
Siedlung	25.74	6.93	93.07	78.33
Gewässer	0.00	0.00	100.00	100.00

Tab. 17: Confusion Matrix: Überwachte Klassifikation des Datensatzes vom 16.01.1986

Die Klasse Kakao / Kaffee ist beim überwachten Verfahren genauer zugeordnet worden, was durch die höhere Hersteller- und Nutzergenauigkeit ausgedrückt wird.

Bei den Ergebnissen von Hevea fällt auf, dass diese Kategorie in beiden Verfahren präzise zugeordnet wurde, was sich in Werten von über 96% der Hersteller- und der Nutzergenauigkeit äußert. Die überwachte Methode weist dabei weniger Fehlklassifikationen auf.

Bei der Klasse Ölpalme verhält es sich ähnlich, das unüberwachte Verfahren ist dabei geringfügig genauer. Bei beiden Methoden sind die Zuordnungen mit über 96% beider Genauigkeiten in allen Kategorien sehr präzise und der Anteil der falsch klassifizierten Bildelemente gering.

Die Kategorie Brache / Mischnutzung hat für die überwachte Klassifikation zwei Testflächen (s. Kap. 4.3.3.1), die zu einer Landnutzungsklasse zusammengefasst werden. Die Zuweisung von Bildelementen einer dieser beiden Trainingsgebiete in die andere zugehörige Spektralklasse wurde nicht als Fehler bewertet (KERL 1996). Der Wert der korrekt zugewiesenen Bildelemente ist beim überwachten Verfahren höher.

Auffällig ist die hohe Fehlklassifikation in beiden Methoden zwischen Brache / Mischnutzung und Siedlung, was bereits durch die Berechnung der Trennbarkeit verdeutlicht wurde (s. Kap. 5.2.1). Durch die Wahl der Landsat-Kanäle NDVI, 5 und 7 ist eine sehr gute Klassifikation vegetationsarmer Landbedeckung nicht optimal, so dass die insgesamt schlechteren Ergebnisse darin begründet liegen (s. Kap. 4.3.31).

Die Zuweisung der Siedlungsflächen erzielt beim unüberwachten Verfahren die niedrigsten Genauigkeiten aller Kategorien. Im Vergleich beider Methoden ist die Nutzergenauigkeit der überwachten um 18,33% höher und der Fehler der Commission bei dieser um 30,70% geringer.

Die Klasse Wald hat ebenfalls zwei Trainingsgebiete für die überwachte Methode (s. Kap. 4.3.3.1), die in einer Landnutzungsklasse kombiniert werden. Die Zuweisung von Pixeln aus einer spektralen Waldklasse in die andere wurde nicht als Fehlklassifikation bewertet. Beide Methoden haben sehr gute Hersteller- und Nutzergenauigkeiten, wobei die Werte der unüberwachten Klassifikation etwas höher liegen.

Die Gewässer wurden beim überwachten Verfahren optimal klassifiziert, während die unüberwachte Methode bei der Herstellergenauigkeit schlechtere Resultate aufweist ist.

Spektrale Überschneidungen zwischen den einzelnen Klassen werden durch die Fehlklassifikationen deutlich. Beim unüberwachten Verfahren wurden Pixel der Kategorie Kakao / Kaffee teilweise Brache / Mischnutzung zugeordnet, Brache / Mischnutzung wurde häufig als Siedlungsfläche klassifiziert, Wald wurde Kakao / Kaffee zugeordnet und Siedlung wurde in die Kategorie Gewässer einbezogen. Geringfügige Verwechslungen traten zwischen Kakao / Kaffee und Hevea und Hevea und Brache / Mischnutzung auf.

Bei der überwachten Methode gab es Fehlzuordnungen zwischen Ölpalme und Wald und Siedlung und Brache / Mischnutzung. Bildelemente der Landbedeckung Wald wurden der Klasse Kakao / Kaffee zugewiesen.

Insgesamt gesehen sind beide Klassifikationsergebnisse mit hohen Gesamtgenauigkeiten und ähnlich hohem Kappa Coefficient als gut zu bewerten.

Beim Vergleich beider Methoden wird deutlich, dass die überwachte Methode in den fünf Klassen Kakao / Kaffee, Hevea, Brache / Mischnutzung, Siedlung und Gewässer genauere Ergebnisse erzielt hat, die unüberwachte hingegen bei Ölpalme und Wald. Werden die Werte der Fehlklassifikationen betrachtet, wird deutlich, dass die unüberwachte Methode extremere Werte v.a. beim Fehler der Commission aufweist (z.B. 56,44% in der Kategorie Siedlung).

Die z.T. hohen Werte der Commission und Omission des überwachten Verfahrens sind v.a. auf die Zuweisung von Pixeln innerhalb der zusammengefassten Spektralklassen (Brache / Mischnutzung und Wald) zurückzuführen, die somit nicht als Fehler gewertet werden.
Aus den genannte Gründen ist die überwachte Klassifikation der unüberwachten vorzuziehen.

Beim Datensatz von 2001 ist im Vergleich zu dem von 1986 eine größere Differenz der Ergebnisse der beiden Methoden festzustellen. Die Gesamtgenauigkeit der überwachten Klassifikation beträgt 97,58%, der Kappa Coefficient 0,87 (s. Tab. 19) während die unüberwachte eine Genauigkeit von 89,23% und einen Kappa Coefficient von 0,57 aufweist (s. Tab. 18).

Overall Accuracy: 89.23% **Kappa Coefficient:** 0.57

Ground Truth (Percent)

Class	Kakao / Kaffee	Hevea	Ölpalme	Brache / Mischn.	Wald	Siedlung	Gewässer	Total
Unclassified	0.00	0.00	0.00	0.00	0.00	0.00	0.00	0.00
Kakao / Kaffee	**90.72**	3.44	0.98	12.87	0.00	1.94	1.45	2.30
Hevea	4.64	**95.29**	0.00	0.58	0.00	0.00	0.00	1.65
Ölpalme	0.46	0.00	**93.44**	0.58	0.64	0.00	5.86	7.22
Brache/Mischn.	2.32	0.25	0.00	**75.44**	0.00	8.47	0.03	0.40
Wald	1.86	1.02	5.57	1.17	**99.36**	0.00	3.72	6.20
Siedlung	0.00	0.00	0.00	9.36	0.00	**89.59**	0.17	0.98
Gewässer	0.00	0.00	0.00	0.00	0.00	0.00	**88.77**	81.24
Total	100.00	100.00	100.00	100.00	100.00	100.00	100.00	100.00

Class	**Com**	**Om**	**PA**	**UA**
Kakao/Kaffee	158.47	9.28	90.72	36.41
Hevea	2.68	4.71	95.29	97.27
Ölpalme	274.64	6.56	93.44	25.39
Brache/Mischn.	33.92	24.56	75.44	68.98
Wald	133.33	0.64	99.36	42.70
Siedlung	21.55	10.41	89.59	80.61
Gewässer	0	11.23	88.77	100

Tab. 18: Confusion Matrix: Unüberwachte Klassifikation des Datensatzes vom 18.02.2001

Overall Accuracy: 97.58% **Kappa Coefficient:** 0.87

Ground Truth (Percent)

Class	Kakao	Kaffee	Hevea	Ölpalme	Brache / Mischn.	Sekundär-wald	Primär-wald	Siedlung	Gewässer	Total
Unclassified	0.00	0.00	0.00	0.00	0.00	0.00	0.00	0.00	0.00	0.00
Kakao	**90.95**	2.05	4.08	0.00	5.85	2.74	0.00	0.00	0.00	0.95
Kaffee	1.62	**90.26**	0.00	1.20	4.09	0.00	0.00	1.94	0.79	1.16
Hevea	2.32	0.00	**93.63**	0.00	0.58	1.71	0.00	0.00	0.00	1.59
Ölpalme	0.00	0.00	0.00	**93.55**	0.00	7.53	1.85	0.00	0.48	2.34
Bra/Mischn.	2.78	6.15	0.76	0.00	**84.80**	0.34	0.00	8.96	0.00	0.45
Sekundärwald	2.32	0.00	1.53	4.70	1.75	**86.30**	2.82	0.00	0.00	0.75
Primärwald	0.00	0.00	0.00	0.33	0.00	1.37	**95.25**	0.00	0.00	2.53
Siedlung	0.00	1.54	0.00	0.00	2.92	0.00	0.00	**89.10**	0.61	1.35
Gewässer	0.00	0.00	0.00	0.22	0.00	0.00	0.08	0.00	**98.12**	88.87
Total	100.00	100.00	100.00	100.00	100.00	100.00	100.00	100.00	100.00	100.00

Class	**Com**	**Om**	**PA**	**UA**
Kakao	12.53	9.05	90.95	87.89
Kaffee	190.26	9.74	90.26	32.18
Hevea	2.04	6.37	93.63	97.87
Ölpalme	27.10	6.45	93.55	77.54
Brache/Mischn.	40.35	15.20	84.80	67.76
Sekundärwald	35.27	13.70	86.30	70.99
Primärwald	0.64	4.75	95.25	99.33
Siedlung	65.13	10.90	89.10	57.77
Gewässer	0.01	1.88	98.12	99.99

Tab. 19: Confusion Matrix: Überwachte Klassifikation des Datensatzes vom 18.02.2001

Die Cash-Crops Kakao und Kaffee besitzen bei der überwachten Methode jeweils eine Trainingsfläche (s. Kap. 4.3.3.1). Da die beiden Spektralklassen eine Landnutzungskategorie repräsentieren, wurde die Zuweisung von Pixeln in die andere Klasse nicht als Fehler gewertet (KERL 1996). Die gemittelte Herstellergenauigkeit von Kakao / Kaffee ist bei beiden ähnlich hoch, die Nutzergenauigkeit hingegen ist bei der überwachten Methode höher.

Die Klasse Hevea ist bei beiden Klassifikationen mit Werten von über 93% sowohl der Producer's als auch der User's Accuracy (> 97%) als sehr gut zu bewerten. Geringfügig bessere Resultate weist die unüberwachte Methode bei der Herstellergenauigkeit, die überwachte bei der Nutzergenauigkeit auf.

Die überwachte Klassifikation der Kategorie Ölpalme ist bei der Producer's Accuracy minimal genauer, während der Unterschied der User's Accuracy zwischen beiden Methoden von 52,15% eine extrem hohe Fehlklassifikation der unüberwachten aufzeigt.

Die Klasse Brache / Mischnutzung ist bei der Herstellergenauigkeit durch die überwachte Methode mit einer Differenz von 9,36% deutlich besser, die Nutzergenauigkeit ist bei beiden Verfahren ähnlich.

Für die Kategorie Wald sind bei der überwachten Methode zwei Testgebiete ausgewählt worden (s. Kap. 4.3.3.1), die im Ergebnis gemeinsam dargestellt werden. Pixel, die in die jeweils andere Spektralklasse klassifiziert wurden, gingen nicht als Fehlklassifikation in die Auswertung mit ein. Bei der für die überwachte Klassifikation gemittelten Producer's Accuracy ist die unüberwachte Methode, bei der User's Accuracy die überwachte als besser zu bewerten.
Die Herstellergenauigkeit der Siedlungsflächen ist bei beiden Verfahren ähnlich, während die Nutzergenauigkeit bei der unüberwachten Methode höher ist.
Die Gewässerkategorie wurde bei beiden Verfahren sehr genau zugeordnet, die überwachte Methode hat bei der Producer's Accuracy präziser klassifiziert.

Beim unüberwachten Verfahren traten Fehlzuordnungen zwischen Kakao / Kaffee und Hevea und Brache / Mischnutzung und Siedlungsflächen auf. Bildelemente der Klasse Wald wurden als Ölpalme klassifiziert, Kakao / Kaffee als Brache / Mischnutzung und Pixel, die Ölpalme und Wald angehören wurden in die Flusskategorie integriert.
Bei der überwachten Klassifikation wurden Pixel der Kategorie Kakao mit Hevea, Kakao und Kaffee mit Brache / Mischnutzung, Sekundärwald mit Ölpalme und Brache / Mischnutzung mit Siedlung verwechselt.
Die Differenz zwischen den Genauigkeiten innerhalb der einzelnen Klassen verdeutlicht, dass die überwachte Methode häufig bessere Ergebnisse liefert.
Die Fehlklassifikationen (v.a. der Commission) der unüberwachten Methode, die sich im niedrigen Kappa Coefficient von 0,57 ausdrücken, sprechen gegen dieses Verfahren.

Der Vergleich der Fehlermatrizen beider Datensätze und Methoden hat gezeigt, dass die überwachte Klassifikation die für diese Studie genaueren Ergebnisse liefert. Somit gehen nur die Resultate des überwachten Verfahrens der Satellitenbildszenen vom 16.01.1986 und vom 18.02.2001 in die Change Detection-Analyse und Interpretation und Diskussion ein.

5.3 Ergebnisse der Change Detection-Analyse

Klasse	1986	2001	Bilanz in %
Kakao / Kaffee	39,33	48,68	+ 9,36
Hevea	11,54	10,81	- 0,73
Ölpalme	2,09	1,82	- 0,27
Brache / Mischnutzung	18,36	17,04	- 1,31
Wald	27,52	18,59	- 8,93
Siedlungsflächen	0,21	1,75	+ 1,54
Gewässer	0,96	1,31	+ 0,351

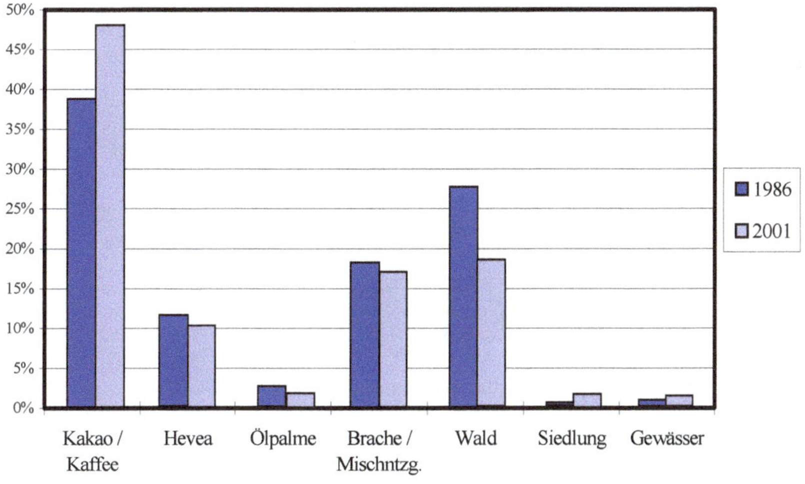

Tab. 20 (inkl. Diagramm): Prozentualer Vergleich der Flächenanteile einzelner Klassen zwischen 1986 und 2001

Neben der rechnerischen Form durch den Vergleich der Flächenanteile der jeweiligen Klassen beider Jahrgänge können die Ergebnisse graphisch dargestellt werden. Die Resultate der in Kap. 4.3.3.3 beschriebenen Operation der Verschneidung von Klassen beider Jahrgänge mit ArcView wird in den Abb. 15 - 20 dargestellt.

Die Klasse Kakao / Kaffee, die die deutlichsten Veränderungen innerhalb von 15 Jahren aufweist, wird mit den übrigen Exportkulturen Hevea und Ölpalme zusammen dargestellt (s. Abb. 15 - 17). Die Siedlungsflächen, die nach Kakao / Kaffee und Wald den größten Wandel zwischen 1986 und 2001 zu verzeichnen haben, werden aufgrund des geringen Flächenanteils im Untersuchungsgebiet in die Abbildung der Cash-Crops integriert.

Die Verteilung der einzelnen Cash-Crop-Klassen und die Siedlungsflächen der Szene vom 16.01.1986 sind in Abb. 15, die des Datensatzes von 2001 in Abb. 16 dargestellt. Die selektierten Kategorien wurden miteinander verschnitten, so dass die Gebiete, die in beiden Jahren mit diesen bedeckt waren in Abb. 17 aufgezeigt werden.

Die weißen Flächen in Abb. 17 sind entweder Areale, die zu beiden Aufnahmezeitpunkten unterschiedliche Landbedeckung aufweisen oder die von den in dieser Abbildung nicht dargestellten Klassen Brache / Mischnutzung, Wald oder Gewässer eingenommen werden.

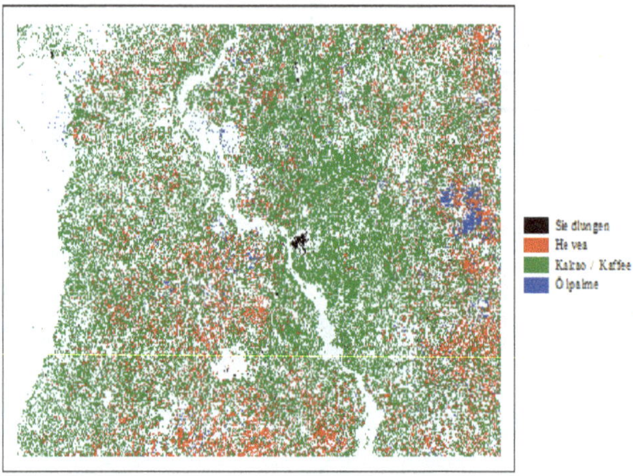

Abb. 15: Vorkommen der Cash-Crops der Satellitenbildszene vom 16.01.1986

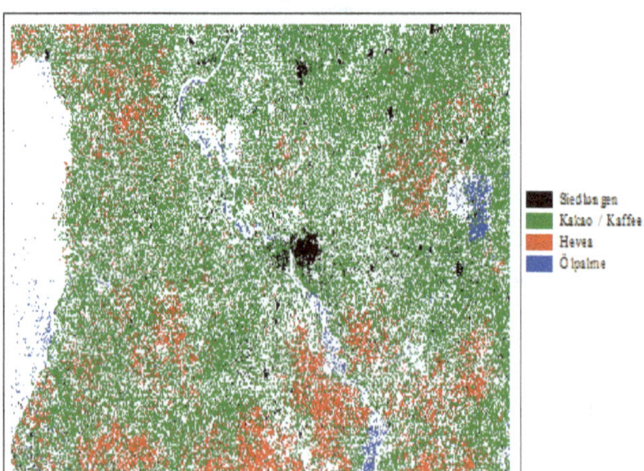

Abb. 16: Vorkommen der Cash-Crops der Satellitenbildszene vom 18.02.2001

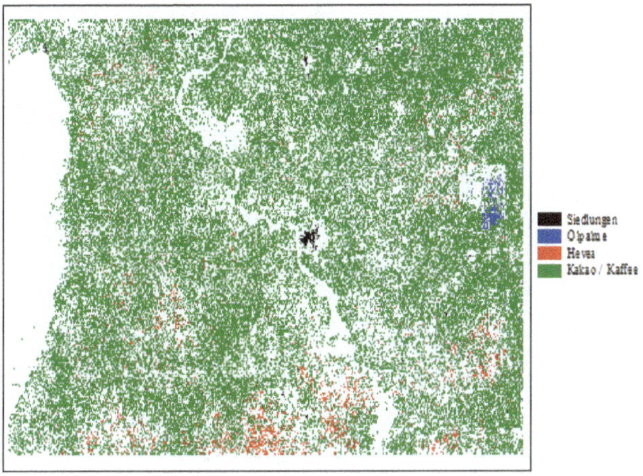

Abb. 17: Verteilung der 1986 und 2001 existierenden Cash-Crop-Flächen

Waldgebiete weisen nach der Klasse Kakao / Kaffee die größten Veränderungen auf, weshalb diese separat in den Abb. 18 - 20 dargestellt werden. Die Verteilung der Waldflächen in den Szenen von 1986 und 2001 sind in den Abb. 18 und 19 abgebildet. Abb. 20 zeigt die Areale, die zu beiden Aufnahmezeitpunkten mit Wald bedeckt waren.

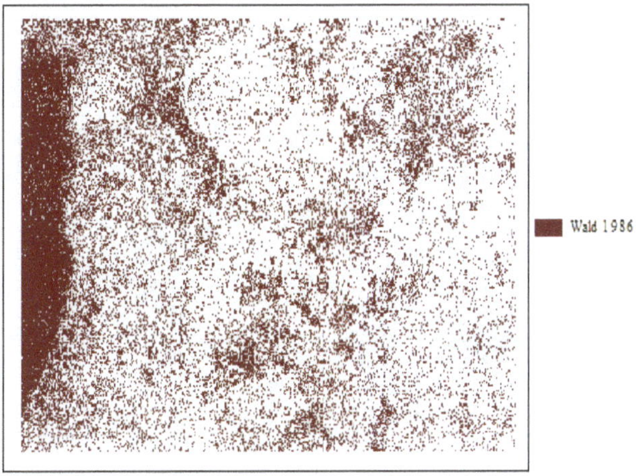

Abb. 18: Vorkommen der Waldflächen der Satellitenbildszene vom 16.01.1986

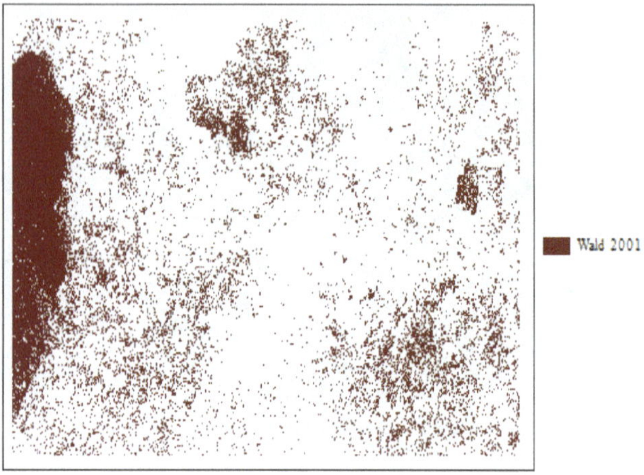

Abb. 19: Vorkommen der Waldflächen der Satellitenbildszene vom 18.02.2001

Abb. 20: Verteilung der 1986 und 2001 existierenden Waldflächen

5.4 Interpretation und Diskussion der Ergebnisse

Die Ergebnisse sind kritisch zu betrachten, da die prozentualen Anteile der Kategorien lediglich als Richtwert dienen können. Wie bereits durch die visuelle Interpretation und die Genauigkeitsauswertung verdeutlicht wurde, sind Fehlklassifikationen nicht zu vermeiden.
In dieser Studie wurden zwar keine signifikanten Fehler festgestellt, dennoch ist die Betrachtung der Flächenanteile der einzelnen Klassen in das Gesamtbild und deren Veränderung innerhalb des betrachteten Zeitraums relevanter als die Angaben in Prozent.

5.4.1 Landnutzung im Untersuchungsgebiet

Kakao / Kaffee

Kakao / Kaffee bilden sowohl 1986 (39,33%) als auch 2001 (48,68%) die Landnutzungsklasse mit dem größten Flächenanteil des Untersuchungsgebietes. Die Zunahme der Anbaufläche dieser Exportkulturen im Zeitraum von 15 Jahren beträgt 9,36% (s. Tab. 20). Bei den Pflanzungen handelt es sich überwiegend um kleinbäuerliche Betriebe, die größtenteils Kakao anbauen bzw. Kakao und Kaffee gemischt oder auf nebeneinander liegenden Parzellen. Die Unterscheidung dieser beiden Cash-Crops war im Satellitenbild nicht eindeutig möglich, weshalb sie zusammengefasst wurden (s. Kap. 4.3.3.1).
Im Datensatz von 1986 sind über das gesamte Untersuchungsgebiet Anbauflächen für Kakao und Kaffee verbreitet, verstärkt in der Region nördlich und östlich von Soubré.
Die Klassifikation der Satellitenbildszene von 2001 verdeutlicht die Dominanz dieser Kulturen. Ausgedehnte Flächen sind im Osten der Subszene und im nördlichen Bereich östlich des Sassandra zu erkennen. Des weiteren ist der Anbau der beiden Cash-Crops zwischen Soubré und der östlichen Grenze des Taï-Nationalparks stark ausgeprägt.
Die Darstellung der in beiden Jahren auftretenden Anbauflächen zeigt, dass Kakao und Kaffee den größten Anteil der landwirtschaftlich genutzten Fläche einnehmen (s. Abb. 17). Diese Exportkulturen sind sowohl 1986 als auch 2001 für die gesamte Szene klassifiziert worden. Dominant sind die beiden Kulturen im Norden und Osten des Untersuchungsgebietes und in der Region Richtung Taï-Nationalpark.
Die naturräumlichen Gegebenheiten der untersuchten Region sind für den Anbau v.a. von Kakao günstig (s. Tab. 3 u. 4). Während des Geländeaufenthaltes wurde jedoch beobachtet, dass die schlechten Zufahrtsmöglichkeiten bzw. die infrastrukturelle Ausstattung in den Gebieten jenseits von befestigten Straßen immer wieder zu Transportproblemen führt (z.B. durch unbefahrbare Pisten in der Regenzeit).

Die klassifizierte Zunahme der Anbaufläche dieser Cash-Crops wird durch die Daten der FAO (2002) bestätigt (s. Tab. 3 u. 4). In Bezug auf die Angaben der FAO muss berücksichtigt werden, dass es sich zum einen um Daten für die gesamte Côte d'Ivoire handelt, zum anderen z.B. Flächenangaben kritisch zu betrachten sind, da eine genaue Erhebung in tropischen Ländern schwer zu erreichen ist. Die Daten sind dennoch als Richtwert hilfreich. Demnach haben die Anbaufläche und die Produktion in der gesamten Côte d'Ivoire für Kakao einen starken Zuwachs erfahren.

Im Gegensatz zu den Zuwachsraten der Kakaopflanzungen ist die Produktion für Kaffee nach Angaben der FAO nur geringfügig gestiegen. Diese Vergleichsdaten verstärken die während des Feldaufenthaltes festgestellte eindeutige Dominanz von Kakao gegenüber Kaffee.

Diese Daten verdeutlichen den wirtschaftlichen Stellenwert der Region Soubré, in der der größte Anteil an Kakao des weltweit führenden Kakaoproduzenten Côte d'Ivoire (FAO 2002) produziert wird. Neben den günstigen Anbaubedingungen liegt das Untersuchungsgebiet in der Region der seit Ende der 60er Jahre staatlich forcierten Agrarkolonisation. Die geplante Entwicklung der Südwestregion sah neben der Anlage von wirtschaftlich gewinnbringenden, großen Plantagen auch die Förderung von kleinbäuerlichen Kakao- und Kaffeepflanzungen vor.

Dadurch, dass das Gebiet östlich des Taï-Nationalparks wenig erschlossen war, siedelten sich hier viele Kleinbauern an. Des weiteren kam es zur spontanen Landnahme von Ivoren und Einwanderern der angrenzenden Staaten. Besonders die ungeplante Landnahme war und ist ein Problem der südwestlichen Region, v.a. das in der Abb. 14 deutlich sichtbare Vordringen bis an die Nationalparkgrenze (s. Kap. 3.5.1). Durch die bis heute schlechten Zufahrtsmöglichkeiten in dieser Region ist die spontane Landnahme nicht kontrollierbar und demzufolge schwer zu unterbinden.

Der Anbau von Kakao und Kaffee ist weiterhin dadurch begünstigt, dass keine Aufbereitungsanlagen (wie z.B. für Hevea) benötigt werden, kein spezifisches Know-how erforderlich ist und die Anpflanzung dieser Cash-Crops nicht arbeitsintensiv ist. Durch Zusammenschlüsse der Kakaobauern zu Kooperationen ist der Transport und die Vermarktung dieser Exportkulturen trotz ungünstiger infrastruktureller Ausstattung gut organisiert. Obwohl die ivorischen Kakaobohnen eine relativ geringe Qualität aufweisen, war der Weltmarktpreis in den vergangenen Jahren extrem hoch.

Hevea

Den Klassifikationsergebnissen nach ist die Anbaufläche von Hevea im Jahre 2001 (10,81%) gegenüber 1986 (11,54%) um knapp 1% zurückgegangen (s. Tab. 20).

Naturkautschuk wird größtenteils in Monokultur auf mehreren hundert Hektar großen Plantagen angebaut.

1986 ist der größte Teil der Heveaanbaufläche in der östlichen Region und im südlichen Bereich des Untersuchungsgebietes entlang der Fernstraße Gagnoa (nordöstlich der Subszene) - San Pedro (südlich des Untersuchungsgebietes) klassifiziert worden. Zwischen dem Sassandra und dem Taï National Park befinden sich vereinzelt Kautschukflächen (s. Abb. 13 u, 15). Im Jahre 2001 liegen Heveapflanzungen verstärkt im Süden beidseitig des Sassandra und in der Region nordöstlich der Grenze zum Taï-Nationalpark. In geringerem Ausmaß befinden sich Kautschukflächen nordöstlich von Soubré (s. Abb. 14, 16).

Werden die beiden Klassifikationsergebnisse miteinander verglichen, wird deutlich, dass die 2001 mit Hevea bepflanzten Gebiete großflächiger und konzentrierter (v.a. im südlichen Bereich) auftreten. 1986 hingegen sind die Flächen kleiner und über weite Teile des Untersuchungsgebietes verteilt. Regionen, in denen Hevea sowohl 1986 als auch 2001 vorkommt befinden sich ausschließlich im Süden der Subszene (s. Abb. 17).

Das häufige Vorkommen dieser Exportkultur im Untersuchungsgebiet ist u.a. mit den günstigen Anbaubedingungen für den Kautschukanbau im Südwesten der Côte d'Ivoire (s. Kap. 3.5.3.1) zu begründen. Bei der Entwicklung der regionalen Verteilung spielt des weiteren die Infrastruktur eine Rolle. Die geteerte Fernstraße Gagnoa - San Pedro bietet im südlichen Abschnitt der Subszene bessere Zufahrts- und Transportmöglichkeiten als im nordwestlichen und östlichen Teil. Durch den Ground Check wurde deutlich, dass die Anbauflächen von Kautschuk Richtung San Pedro verstärkt zunehmen. Somit wird die v.a. im Norden der Subszene starke Dominanz von Kakao und Kaffee in der südlichen Region von Kautschuk abgelöst (s. Abb. 14 u. 16). Das Vorkommen der Heveaplantagen bis an die Grenze des Taï-Nationalparks (2001) verdeutlicht wiederum das Vordringen der Anbauflächen für Cash-Crops sogar auf ungünstige Standorte.

Im Gegensatz zu den Angaben der FAO (2002) für die gesamte Côte d'Ivoire (s. Tab. 5) hat die Kautschukproduktion bzw. -anbaufläche im Untersuchungsgebiet keinen Zuwachs erfahren. Dies ist u.a. auf die hohe Zunahme der Kakao- und Kaffeepflanzungen zurückzuführen. Des weiteren hat die spektrale Ähnlichkeit mit Kakao und Kaffee zu Fehlklassifikationen geführt (s. Kap.5.2).

Ein weiterer Grund des Rückgangs bzw. der Stagnation der Heveaproduktion ist die Tatsache, dass diese Exportkultur, besonders im Vergleich zu Kakao durch das tägliche „Beschneiden" und die wöchentliche Ernteabfuhr, sehr arbeits- und kostenintensiv ist. Neben guten Zufahrtsmöglichkeiten und Aufbereitungsanlagen sind angelernte Arbeiter erforderlich (s. Kap. 3.5.3.1) - Faktoren, die hauptsächlich von Gross-Plantagenbesitzern erfüllt werden können.
Wird der Weltmarkt für Kautschuk betrachtet, ist die Konkurrenz zu anderen Exportländern (v.a. Malaysia - s. Tab. 5) extrem hoch, was ebenfalls einen Grund darstellt, warum die Heveaproduktion im zu vergleichenden Zeitraum nicht in dem Maße zugenommen hat wie die Produktion von Kakao (s. Tab. 4).

Ölpalme

Sowohl 1986 (2,09%) als auch 2001 (1,82%) nimmt Ölpalme der Klassifikation nach ca. 2% der Fläche des Untersuchungsgebietes ein. Innerhalb von 15 Jahren ist ein Verlust von 0,27% zu verzeichnen (s. Tab. 20).
In beiden Satellitenbildszenen ist die Plantage im Osten der Subszene die Hauptfläche dieser Cash-Crops (s. Abb. 13 - 17). 1986 wurde neben den genannten Regionen innerhalb der landwirtschaftlichen Zone vereinzelt Ölpalme klassifiziert. Der im nördlichen Abschnitt der Subszene befindliche Auenwald wurde z.T. dieser Kategorie zugeordnet (s. Abb. 13).
Im Gegensatz zu 1986 wurde Ölpalme im Datensatz von 2001 außerhalb der Plantage im Osten weniger häufiger als Landbedeckung klassifiziert (s. Abb. 14).
Deutlich ist die unterschiedliche Zuweisung der Ufervegetation des Sassandra, die 1986 Wald, 2001 hingegen Ölpalme zugewiesen wurde. Zusätzliche falsche Zuweisungen sind in der Szene von 2001 im Südwesten durch das Auftreten von Wolken zu verzeichnen, die dieser Kategorie zugeordnet wurden.
Die Fehlermatrizen zeigen, dass sich in beiden Jahrgängen die spektralen Reflexionen von Ölpalme und Wald (nur von Sekundärwald) ähneln, so dass es zu Fehlklassifikationen gekommen ist. Gebiete, die im Gelände mit Ölpalme bestanden sind wurden zu einem größeren Anteil der Kategorie Wald zugeordnet (s. nordwestlicher Bereich der im Osten gelegenen Plantage von 2001) als umgekehrt. Dadurch ist es zu einer geringeren Zuweisung dieser Exportkulturen im Endergebnis gekommen als das tatsächliche Vorkommen dieser im Gelände.
Nicht nur die Fehlklassifikationen sind als Ursache des geringen Flächenanteils in der Subszene zu nennen. Durch den Ground Check konnte festgestellt werden, dass generell im Untersuchungsgebiet und besonders in den westlichen Gebieten, wo der kleinparzellige Anbau der Cash-Crops Kakao und Kaffee vorherrscht, die Ölpalme häufig vereinzelt auf

Mischnutzungsflächen oder kleineren Parzellen zu finden ist. Dies verdeutlicht, dass die Ölpalme in diesem Ausschnitt häufig angebaut wird, jedoch nicht als dominante Vegetation auf einer ausreichend großen Fläche, die im Satellitenbild zu sehen ist. Eine Ausnahme diesbezüglich stellt die große Ölpalmenplantage im Osten der bearbeiteten Szene dar, die in beiden Jahren deutlich zu erkennen ist.

In Bezug auf die ökophysiologischen Ansprüche dieser Exportkultur herrschen im Südwesten der Côte d'Ivoire günstige Anbaubedingungen (s. Tab. 6). Durch den Geländeaufenthalt wurde ersichtlich, dass das Vorkommen dieser Palmenart außerhalb des Untersuchungsgebietes Richtung Osten und verstärkt gen Süden, vor allem in der Region San Pedro und von dort entlang der Küstenroute nach Abidjan stark zunimmt. Mehrere Quadratkilometer große Plantagen sind dort häufig anzutreffen.

Werden die Daten der FAO (2002) berücksichtigt, hat sich die Anbaufläche in der gesamten Côte d'Ivoire um über 50% vergrößert, die Produktionssteigerung hingegen ist nur minimal (s. Tab. 6). Dies kann auf die jungen Pflanzungen zurückgeführt werden, die frühestens nach drei Jahren Erträge bringen.

Der geringe Flächenanteil von Ölpalme im Untersuchungsgebiet spiegelt nicht die Bedeutung dieses Cash-Crops für die gesamte Côte d'Ivoire wider.

Brache / Mischnutzung

In der Satellitenbildszene von 1986 wurden 18,36% des gesamten Untersuchungsgebietes als Brache / Mischnutzung klassifiziert, 2001 betrug der Anteil 17,04%, was einen Rückgang von 1,31% innerhalb von 15 Jahre ergibt (s. Tab. 20).

Bei den Bracheflächen handelt es sich überwiegend um bis zu ca. 1,5m hohe Buschbrache, die vereinzelt stehen gelassene Bäume oder größere Büsche aufweist. Seltener sind brach liegende Areale mit Grasbestand vorzufinden.

Im Untersuchungsgebiet treten unterschiedliche Formen der Mischnutzung auf (s. Photo 11 - 12, Kap. 4.3.3.1). Eine häufige Variante ist beispielsweise der Anbau von Mais und Reis mit verschiedenen Gemüsesorten. Des weiteren werden u.a. Knollengewächse mit wenigen Baum- und Strauchkulturen nebeneinander angepflanzt.

Sowohl die Brache- als auch die Mischnutzungsflächen weisen einen geringen Bedeckungsgrad auf, wodurch diese beiden Landnutzungskategorien schwer voneinander zu trennen sind und in einer Klasse zusammengefasst wurden (s. Kap. 4.3.3.1).

1986 liegen diese Landnutzungsflächen v.a. entlang der asphaltierten Straße Gagnoa - San Pedro und im nordwestlichen Bereich des Untersuchungsgebietes, besonders westlich des Sassandra bis an die Nationalparkgrenze (s. Abb. 13). Im Jahre 2001 befinden sich Brache- / Mischnutzungsflächen verstärkt in der direkten Umgebung von Soubré, im Norden westlich des Sassandra und entlang der Fernstraße Richtung Süden (s. Abb. 14). Die Klassifikationsergebnisse verdeutlichen, dass im Vergleich zu 1986 im Jahre 2001 nicht mehr so ausgedehnte Brache- und Mischnutzungsflächen zwischen Soubré und dem Taï-Nationalpark liegen. Dort dominieren jetzt Kakao-, Kaffee- und Heveaflächen.

Die Reduzierung der Brache- / Mischnutzungsflächen kann u.a. mit der Ausdehnung der Flächen für Exportkulturen begründet werden. Durch das natürliche Bevölkerungswachstum und die andauernde Migration von Kleinbauern in die Südwestregion werden neben Waldarealen auch Brache / Mischnutzungsflächen in Anbaugebiete für Cash-Crops umgewandelt (s. Kap. 3.5). Werden die Klassifikationsergebnisse der beiden Jahre miteinander verglichen, wird deutlich, dass sich Siedlungsflächen immer weiter ausdehnen, wodurch ursprüngliche Brache / Mischnutzungsgebiete dezimiert werden.

5.4.2 Waldtypen im Untersuchungsgebiet

Wald

In der klassifizierten Szene von 1986 beträgt die Waldfläche 27,52%, 2001 hingegen 18,59%, was eine Differenz von 8,93% (s. Tab. 20) innerhalb der 15-jährigen Zeitspanne ergibt.

Diese Klasse setzt sich aus Primär- und Sekundärwald zusammen (s. Kap. 4.3.3.1). Der Sekundärwald beinhaltet aufgrund spektraler Ähnlichkeit die verschiedenen Sukzessionsstadien, Auenwald und Aufforstungen.

1986 ist die Fläche des Taï-Nationalparks die größte zusammenhängende Waldfläche, die im Vergleich zu 2001 noch deutlich über die Parkgrenze hinaus geht (besonders im Nordosten des Parks). Entlang des Sassandra (v.a. nördlicher Abschnitt) sind der Auenwald und die Ufervegetation ebenfalls der Waldklasse zugeordnet worden. Weitere kleinflächigere Areale dieser Bodenbedeckung befinden sich vereinzelt im südlichen und östlichen Bereich des Untersuchungsgebietes (s. Abb. 13).

In der Satellitenbildszene von 2001 ist die größte zusammenhängende Waldfläche ebenfalls der Taï-Nationalpark. Der nördlich von Soubré gelegene Auenwald stellt nach der geschützten Fläche ein weiteres ausgedehntes Gebiet der Waldkategorie dar. Im Südosten des

Untersuchungsgebietes sind vereinzelt Waldgebiete klassifiziert worden. Der westliche Teil der im Osten der Subszene befindlichen Ölpalmenplantage ist bei der Klassifikation fälschlicher Weise dieser Kategorie zugewiesen worden (s. Abb. 14).

Der Vergleich dieser Klasse in den Datensätzen vom 16.01.1986 und 18.02.2001 zeigt, dass die Waldfläche drastisch zurückgegangen ist und zu beiden Aufnahmezeitpunkten lediglich der Taï-Nationalpark als Waldfläche klassifiziert wurde (s. Abb. 20). Dieses Ergebnis verdeutlicht, dass es sich bei den waldbedeckten Arealen im Satellitenbild von 2001 um Sekundärwälder in unterschiedlichen Sukzessionsstadien bzw. Aufforstungen handelt, da diese 15 Jahren zuvor noch nicht vorhanden waren.

Aufgrund des fehlenden Ground Checks kann für die 1986 klassifizierten Waldgebiete hingegen nicht mit Sicherheit gesagt werden, dass es sich um Sekundärwälder handelt. In Abb.20 wird deutlich, dass alle 1986 als Wald eingestuften Gebiete außerhalb des Taï-Nationalparks bis 2001 vernichtet und durch Kakao- und Kaffeepflanzungen ersetzt wurden.

Des weiteren ist die Holzwirtschaft maßgeblich an der Reduzierung beteiligt. Durch die Konkurrenz um Flächen mit der Landwirtschaft und der Verknappung der Ressource Holz hat die Holzexploitation gegenüber den 80er Jahren zwar abgenommen, ist aber bis heute ein wichtiger Wirtschaftszweig geblieben (MUND & DOEVENSPECK 2002) (s. Kap. 3.5). Neben dem direkten Holzabbau wirkt sich diese Form der Ressourcennutzung indirekt durch die entstehenden Zufahrtswege und Schneisen auf die Regenwaldzone aus, da dadurch Wege für die Landnahme frei werden.

Die von der staatlichen SODEFOR (Société pour le Développement de la plantations Forestière) durchgeführten Aufforstungsmaßnahmen bestehen häufig aus dem aus Südostasien stammenden Teak [*Tectona grandis* Linn.f.] (s. Photo 21 -22) (MUND & DOEVENSPECK 2002). Die im Südwesten der Côte d'Ivoire herrschenden natürlichen Bedingungen (s. Kap. 3) stellen günstige Voraussetzungen für den Anbau dieser Holzart dar. Des weiteren zeichnet sich Teak durch ein schnelles Wachstum und eine gute Holzqualität und Fäulnisresistenz aus (HOUAYE 1993). Die überwiegend in Plantagenform angepflanzten Hölzer dienen der Bereitstellung für Bau- und Feuerholz. Des weiteren wurde während des Ground Checks festgestellt, dass diese Baumart häufig um Städte und Siedlungen herum angebaut wird, wodurch der lokale Holzbedarf gedeckt wird.

5.4.3 Siedlungsflächen und Gewässer im Untersuchungsgebiet

Da diese beiden Kategorien die einzigen vegetationslosen Klassen sind, werden sie in einem Abschnitt zusammengefasst.

Siedlungsflächen

Im 15-jährigen Zeitraum zwischen 1986 (0,21%) und 2001 (1,75%) hat die Siedlungsfläche den Klassifikationsergebnissen nach um 1,54% zugenommen (s. Tab. 20).

In die Kategorie der Siedlung fallen Städte, kleinere Siedlungen, geteerte Straßen und Pisten. Im Vergleich zu 1986 haben sich die Siedlung zugewiesenen Gebiete 2001 stark vergrößert. Des weiteren sind zahlreiche Dörfer neu entstanden.

Deutlich zu erkennen sind in beiden Szenen u.a. die Städte bzw. größeren Siedlungen Soubré, Yabayo, Okrouyo und Sagboya (V6). Auffällig ist die Entwicklung von Ortschaften entlang der von Norden nach Süden verlaufenden Fernstraße Gagnoa - San Pedro. Die asphaltierten Fernstraßen, die generell einen geringen Anteil der Infrastruktur in der Côte d'Ivoire ausmachen, sind durch die direkt an der Straße gelegenen Siedlungen und einen breiten vegetationslosen Seitenstreifen zu erkennen. Die Regionen östlich und westlich von Soubré in Richtung Taï-Nationalpark sind nur über nicht geteerte und überwiegend schwer befahrbare Pisten zu erreichen, die im Satellitenbild nicht oder nur als Verbindung zwischen Dörfern identifiziert werden können.

Die Bevölkerungszahl der Côte d'Ivoire betrug 1986 nach Angaben der FAO (2002) ca. 10.957.000, im Jahre 2001 waren es ca. 16.013.000 Einwohner. Die Zunahme der Siedlungsflächen innerhalb der 15-jährigen Zeitspanne kann mit dem Zuwachs der Bevölkerung von über 50% und den dadurch benötigten Siedlungsraum und Anbauflächen für die Nahrungsmittelversorgung begründet werden. Neben dem natürlichen Bevölkerungswachstum hält die Zuwanderung aus v.a. den benachbarten Staaten in den südwestlichen Teil der Côte d'Ivoire an, so dass es eine immer weiter fortschreitende z.T. geplante aber auch spontane Landnahme von Siedlern zu erwarten ist (s. Kap. 3.5).

Gewässer

Die Gewässerklasse beinhaltet in beiden Jahren ausschließlich den drittgrößten Fluß der Côte d'Ivoire, den Sassandra, der im ausgewählten Abschnitt durch die Bildmitte von Nordwesten nach Südosten verläuft.

Zu beiden Aufnahmezeitpunkten beträgt der prozentuale Flächenanteil ca. 1% des Untersuchungsgebietes, 1986 0,96% und 2001 1,31%. Rein statistisch hat sich die Gewässerfläche zwar um 0,35% vergrößert (s. Tab. 20), diese Veränderung kann am gut zu erkennenden Flußverlauf jedoch nicht festgestellt werden.

Ein erhöhter Flächenanteil im Jahre 2001 durch z.B. Verbreiterung des Flusslaufs oder der Flussarme ist nicht auszuschließen, diese flächenmäßig geringen Veränderungen dürften aber keine deutlichen prozentualen Unterschiede hervorrufen. Die Zunahme kann primär auf die im Satellitenbild von 2001 auftretenden Wolken (v.a. im Südwesten der Szene) zurückgeführt werden, die der Klasse Gewässer zugeordnet wurden.

6. Zusammenfassung

Die vorliegende Studie wurde im Rahmen des DFG und BMZ geförderten Forschungsprojektes „Charakterisierung des Nährstoffhaushaltes eines Einzugsgebietes im Westen der Côte d'Ivoire - Entwicklung einer Methodologie zur objektiven Bewertung der Wasserqualität in den Tropen" angefertigt.

Für die Klassifikation der Landnutzung und deren Veränderung stand eine Landsat-5 TM-Satellitenbildszene vom 16.01.1986 und zwei Landsat-7 ETM+ Szenen vom 18.02.2001 und 23.04.2001 zur Verfügung. Während des Geländeaufenthaltes vom 08.11.2001 bis 07.02.2002 wurden mit Hilfe eines GPS im Untersuchungsgebiet zudem Ground Check-Daten für die Klassifikation aufgenommen.

Die vorprozessierten Satellitenbilder wurden geometrisch entzerrt und resampled. Nach Verbesserung der Szenen durch Filter- und Kontrastanwendungen erfolgte die visuelle Interpretation in der Kanalkombination 4-5-3. Als geeignetste Variante für die Klassifikation wurde die Kanalkombination NDVI-5-7 ermittelt. Nach der Datenvorverarbeitung und Bildverbesserung wurden Trainingsgebiete auf Grundlage der Ground Check-Daten für die Klassifikation des Datensatzes von 2001 ausgewählt. Die Testflächen für die Aufnahme von 1986 mussten ohne Geländekenntnisse festgelegt werden.

Die Auswertung der Szenen erfolgte über unüberwachte und überwachte automatische Klassifikationen. Der Vergleich beider Methoden durch die Genauigkeitsauswertung der Ergebnisse zeigte, dass die zuverlässigeren Resultate beim überwachten Verfahren erzielt wurden, so dass nur diese in die Change Detection-Analyse integriert wurden.

Mit Hilfe eines Geographischen Informationssystems (ArcView) wurden die klassifizierten Datensätze miteinander verglichen und die Veränderung der Landnutzung zwischen 1986 und 2001 herausgestellt.

Die Landnutzungsklassifikation ergab sieben Kategorien: Kakao / Kaffee, Hevea, Ölpalme, Brache / Mischnutzung, Wald, Siedlungsflächen und Gewässer.

Zu beiden Aufnahmezeitpunkten bedecken die Cash-Crops Kakao / Kaffee, Hevea und Ölpalme über 50% der Fläche des Untersuchungsgebietes, wobei die Klasse Kakao / Kaffee den größten Anteil einnimmt. Wald bildet die zweitgrößte Kategorie vor Brache / Mischnutzung, während die vegetationsärmeren Klassen Siedlungsfläche und Gewässer den geringsten Flächenanteil des Untersuchungsgebietes beinhalten.

Die Resultate der Change Detection-Analyse zeigen eine deutliche Reduzierung der Waldflächen im Untersuchungsgebiet. Dieser Rückgang ist u.a. auf die starke Zunahme der Anbauflächen für Exportkulturen, v.a. von Kakao und Kaffee, und die Holzexploitation zurückzuführen.

Das zunehmende Bevölkerungswachstum und die anhaltende Zuwanderung von Kleinbauern aus dem Norden des Landes und den angrenzenden Staaten bewirken die Ausdehnung der Landnutzungsflächen bis an die Grenze des Taï-Nationalparks und die Vergrößerung der Siedlungsflächen.

7. Kritische Schlussbetrachtung - Ausblick

Die in der vorliegenden Studie erzielten Ergebnisse der Verteilung der Landnutzung und deren Veränderung in einem Zeitraum von 15 Jahren stellen eine zentrale Ergänzung des Forschungsprojektes zur Charakterisierung des Nährstoffhaushaltes und dem Einfluss der Landnutzung auf das Ökosystem des Einzugsgebietes dar.

Ziel dieser Studie war die Landnutzungsklassifikation und Erfassung der Veränderung der Landnutzung (Change Detection) im agrarisch geprägten Projektgebiet im Westen der Côte d'Ivoire.

Die verwendeten Satellitenbildszenen des Landsat-5 TM vom 16.01.1986 und des Landsat-7 ETM+ vom 18.02.2001 erwiesen sich für die durchgeführte Klassifikation und Change Detection-Analyse als gut geeignet.

Dennoch wird die Aussagekraft von Satellitenbildern häufig überschätzt. Durch die räumliche Auflösung von 30m dieser Datensätze ist der Informationsgehalt im Vergleich zu z.B. Luftbildern oder hochauflösenden Satellitendaten auf generalisierte Aussagen beschränkt. Die Generalisierung von Informationen der Satellitenbilder wurde bei der Klassifikation deutlich. So ist z.B. die Unterscheidung der Spektralklassen Kakao und Kaffee und Brache und Mischnutzung sowie der verschiedenen Waldtypen auf Grundlage der verwendeten Daten nicht möglich.

Des weiteren ist mit den hier verwendeten Satellitenbildern keine Aussage über z.B. das Alter von Pflanzen, die Artenzusammensetzung oder die Intensität der Holzexploitation möglich. Luftbilder können eine sinnvolle Ergänzung sein, standen für diese Studie jedoch nicht zur Verfügung.

Die Satellitenbildauswertung von tropischen Regionen ist häufig mit Problemen verbunden.

So ist u.a. der kleinparzellige Anbau in den Tropen v.a. auf Satellitenbildern mit geringer räumlicher Auflösung nicht zu identifizieren. Je nach Aufnahmezeitpunkt können durch Brandrodung Rauchschleier oder durch die klimatischen Verhältnisse v.a. in den inneren Tropen Wolken in den Szenen auftreten, wie in den gesamten Szenen und der Subszene von 2001 zu erkennen ist.

Die Weiterentwicklung von Satellitensystemen führt zu einer größeren Auswahl von Fernerkundungsmaterialien, so dass z.B. hoch auflösende Satellitendaten häufiger bereit gestellt werden. In einigen Arbeiten werden Daten verschiedener Satelliten, z.B. der SPOT-

Reihe (s. Kap. 2) benutzt, wodurch höhere räumliche Auflösungen mit berücksichtigt werden önnen. Die Einbeziehung anderer Satellitendaten war aus Kostengründen im Rahmen des Projektes jedoch nicht möglich.

In einem von Shifting Cultivation und Holzexploitation geprägten Gebiet kann sich eine neunmonatige Zeitspanne, die zwischen der Aufnahme des Satellitenbildes vom 18.02.2001 und dem Ground Check liegt, auf die Landbedeckung auswirken. Daher wurden beim Ground Check die Brachezeiten und die Abfolge der angebauten Pflanzen erhoben und bei perennierenden Kulturen das Alter berücksichtigt, um sicher zu gehen, dass die Pflanzen nicht erst nach der Aufnahme angebaut wurden.
Die Tatsache, dass von 1986 keine Ground Check-Daten vorlagen und die Trainingsflächen dieser Szene alleinig auf Grundlage der visuellen Interpretation basieren, wurde bereits erwähnt. Durch die gute Qualität bzw. visuell eindeutig zuordnenbaren Flächen konnte das Problem der fehlenden Ground Truth-Daten des Datensatzes von 1986 jedoch minimiert werden.

Generell können Fernerkundungsdaten für die Klassifikation von Landnutzung (bzw. Vegetation) in den Tropen als nützlich bezeichnet werden. Neben der Verwendung von Satellitenbildern können Luftbilder eine sinnvolle Ergänzung sein, jedoch stehen diese nicht in allen Regionen zur Verfügung. Eine Kombination aus Ground Check, visueller Interpretation und (in diesem Fall überwachter) automatischer Klassifikation führt zu zufriedenstellenden Ergebnissen.

Der zunehmende Bevölkerungsdruck innerhalb der Region im Südwesten der Côte d'Ivoire führt zu einem andauernden Rückgang der Waldflächen, was aus der Change Detection-Analyse deutlich hervorgeht. Dies wird in Zukunft zu gravierenden Eingriffen in das Ökosystem führen und letztendlich das Bestehen des Taï-Nationalparks gefährden. Ein hoher Einsatz der lokalen Behörden und tätigen Organisationen ist demnach zur Absicherung der Parkgrenzen erforderlich. Durch den stetigen Abbau der Fördergelder von seiten der GTZ und KfW und durch die seit Jahren instabile politische Situation ist jedoch der Taï-Nationalpark bedroht und damit auch die einzigartige Biodiversität dieses Weltnaturerbes.

8. Literaturverzeichnis

AHN, P.M. (1970): West African Soils. Oxford

ALBERTZ, J. (2001): Einführung in die Fernerkundung: Grundlagen der Interpretation von Luft- und Satellitenbildern. Darmstadt

A.N.A.M. (Agence National des Aérodromes et de la Météorologie) (1987): Les normales pluviomètriques 1951-1980. Abidjan

ANHUF, D. (1994): Zeitlicher Vegetations- und Klimawandel in Côte d'Ivoire. In: Veränderungen der Vegetationsbedeckung in Côte d'Ivoire. Erdwissenschaftliche Forschung, 30, Stuttgart

ANHUF, D. (1997): Satellitenbildgestützte Vegetationsklassifikation der Côte d'Ivoire. Mannheimer Geographische Arbeiten 45

BÄHR, H.-P. & T.VÖGTLE (Hrsg.) (1991): Digitale Bildverarbeitung. Anwendung in Photogrammetrie, Kartographie und Fernerkundung. Karlsruhe

BARTELS, M. (1988): Satelllitengestützte Landnutzungsklassifizierung als Planungsinstrument der ländlichen Regionalentwicklung am Fallbeispiel des Ost-Auresgebirges in Algerien. Schriftenreihe der GTZ, Nr. 208, Eschborn

CAMPBELL, J.R. (1996): Introduction to Remote Sensing. New York

CENTRAL INTELLIGENCE AGENCY (CIA) (01.01.2002) The World Factbook 2001 - Côte d'Ivoire URL: http://www.cia.gov/cia/publications/factbook/geos/iv.html# Econ (14.07.2002)

DREISER, C. (1989): Abschätzung des Weidepotentials in ariden Gebieten Kenyas mit Hilfe von LANDSAT-TM-Daten. Geographische Rundschau 41, H.12: 690-695

FAO (28.05.2002): FAOSTAT Agriculture Data URL: http://apps.fao.org/ page/form?collection=Production.Crops.Primary&Domain =Production&servlet =1&language=EN&hostname=apps.fao.org&version=default (10.06.2002)

GANGKOFNER, U. (1996): Methodische Untersuchungen zur Vor- und Nachbereitung der Maximum Likelihood Klassifizierung optischer Fernerkundungsdaten. Münchener Geographische Abhandlungen Reihe B, Band B 24

GARMIN (2002): About GPS. URL: http://www.garmin.com/about GPS (08.10.2002)

GEORGES, H.L. (1971): Republik Elfenbeinküste. Wiesbaden

HILDEBRANDT, G. (1996): Fernerkundung und Luftbildmessung für Forstwirtschaft, Vegetationskartierung und Landschaftsökologie. Heidelberg

HOUAYE, P. (1993): Untersuchungen zur Variabilität von Teakpflanzen in Benin. Göttinger Beiträge zur Land- und Forstwirtschaft in den Tropen und Subtropen, Heft 85

IGBOKWE, I.J. (1994): Multitemporale Satellitenbild-Auswertung zur Erfassung von Landbedeckungs- und Landnutzungsänderungen in der Sahelzone in Westafrika. Hannover

ISSS-ISRIC-FAO (1998): World Reference Base of Soil Resources. - FAO World Soil Resources Report No. 84. Rom

JENSEN, J.R. (1996): Introductory Digital Image Processing. New Jersey

KAPPAS, M. (1994): Fernerkundung nah gebracht. Bonn

KERL, I. (1996): Multipler Vergleich von Zuordnungswahrscheinlichkeiten - Ein Verfahren zur Verbesserung der Maximum-Likelihood-Klassifikation nach klassenweise optimierter Kanalauswahl. Trierer Geographische Studien, H. 14

KÖPPEN, W. (1936): Das geografische System des Klima's. Berlin

LIEW, S.C. (2001): Boosting Oil Palm Production. URL: http://www.imagingnotes.com/janfeb01/liew.htm (03.01.2003)

LILLESAND, T.M. & R.W. KIEFER (2000): Remote Sensing and Image Interpretation. New York

LINDGREN, D.T. (1985): Land use planning and remote sensing. Dordrecht

LÖFFLER, E. (1994): Geographie und Fernerkundung: eine Einführung. Stuttgart

MUND, J.P. & A. SZÖCS (2001): Degradation tropischer Regenwaldböden als Folge der Holzexploitation - Bodenkundliche Untersuchungen an Ferralsols im Parc National de Taï (Côte d'Ivoire). Zbl. Geol. Paläontol. Teil I, H. 3/4: 375-390

MUND, J.P. & M. DOEVENSPECK (2002): Möglichkeiten und Probleme von Waldbewirtschaftung und Aufforstung in der Feuchtwaldzone der Côte d'Ivoire. Zeitschrift für Wirtschaftsgeographie, Jg. 46, 1: 26-42

MYINT-OO (2001): Untersuchungen zur Anwendung von Satellitenfernerkundung und terrestrischen Aufnahmen zum forstlichen Monitoring und zur Planung im tropischen Regenwald, am Beispiel in Bago District in Myanmar. Göttingen

PAMS (2001): Forest fragmentation near Tai National Park, Ivory Coast. Christchurch. URL: http://www.cybermagic.co.nz/resources/content/20010822.htm

PEINADO, O.L. (2001): Comparison of change detection methods for the extraction of land cover parameters. München

PRETZSCH, J. (1986): Traditionelle Bodenbewirtschaftung, weltmarktorientierte Plantagenproduktion und Tropenwaldzerstörung in der Republik Elfenbeinküste. Freiburg

REHM, S. (1995): Die Kulturpflanzen in den Tropen und Subtropen. Göttingen

RELIN, A. (1996): Kontrolle flächengestützter Beihilfen in der Landwirtschaft durch Satellitenfernerkundung. Informationsmanagement in den Agrarwissenschaften 8, Bonn

RICHARDS, J.A. & X. JIA (1999): Remote Sensing Digital Image Analysis. Berlin

RIEZEBOS, E.P., VOOREN, A.P. & J.L. GUILLAUMET (eds) (1994): Le Parc National de Taï, Côte d'Ivoire. I. Synthèse des Connaissances, II. Bibliographie. Tropenbos Series 8, Wageningen

SABINS, F.F. (1997): Remote sensing - Principles and Interpretation. New York

SCHMIDT, E.B.J. (1995): Classification of land cover in the Taï National Park (Cote d'Ivoire) by remote sensing techniques. Tropenbos documents 9, Wageningen

SCHULTZ, J. (1995): Die Ökozonen der Erde. Stuttgart

STATISTISCHES BUNDESAMT (18.05.2002): Auslandsstatistische Daten URL: http://www.destatis.de/ basis/d/ausl/ausl.108.htm (03.06.2002)

STOORVOGEL, J.J. (1993): Gross Inputs and Outputs of Nutrients in an Undisturbed Forest, Taï Area, Cote d'Ivoire. Tropenbos series 5, Wageningen

SZARZYNSKI, J. (1994): Inselberge im tropischen Regenwald. Geländeklimatologische Untersuchungen im Taï-Nationalpark (Rep. Côte d'Ivoire, Elfenbeinküste) (unveröffentlichte Diplomarbeit, Geogr. Inst. d. Univ. Bonn)

UNIVERSITY OF COLORADO AT BOULDER (2002): Global Positioning System Overview. URL: http://www.colorado.edu/geography/gcraft/notes/gps/gps_f.html (08.10.2002)

WALZ, U. (2000): Charakterisierung der Landschaftsstruktur mit Methoden der Satelliten-Fernerkundung und der Geoinformatik. Berlin

WEISCHET, W. & W. ENDLICHER (2000): Regionale Klimatologie, Teil 2: Die Alte Welt: Europa, Afrika, Asien. Stuttgart, Leipzig

WIESE, B. (1988): Elfenbeinküste: Erfolge und Probleme eines Entwicklungslandes in den westafrikanischen Tropen. Wissenschaftliche Länderkunde 29, Darmstadt

WOHLFAHRT-BOTTERMANN, M. (1994): Anthropogene Veränderungen der Vegetationsbedeckung in Côte d'Ivoire seit der Kolonialisierung. In: Veränderungen der Vegetationsbedeckung in Côte d'Ivoire. Erdwissenschaftliche Forschung 30, Stuttgart

WRIGHT, J.B. (1985): Geology and mineral resources of West Africa. London

ZERDA, H.R. (1998): Monitoring der Vegetations- und Landnutzungsveränderungen durch Brandrodung und Übernutzung im Trocken-Chaco Argentiniens mit Satellitenfernerkundung und GIS. Göttingen

Kartenwerke:

Ministére des travaux publics et des transports de la République Francaise (1961): République de la Côte d'Ivoire: Feuille NB-29-XII: Soubré 3b und 3d, 1:50.000

Anhang I: Photos 17 - 22

Photo 17: Reisanbaufläche 12.01.2002

Photo 18: Maisfeld (mit Reis-Untersaat) 24.01.2002

Photo 19: Kleinparzellige Bananeplantage 24.01.2002

Photo 20: Yam-Anbau Juli 2002 (E. Fischer)

Photo 21: Teak-Aufforstung 23.01.2002

Photo 22: Teak 23.01.2002

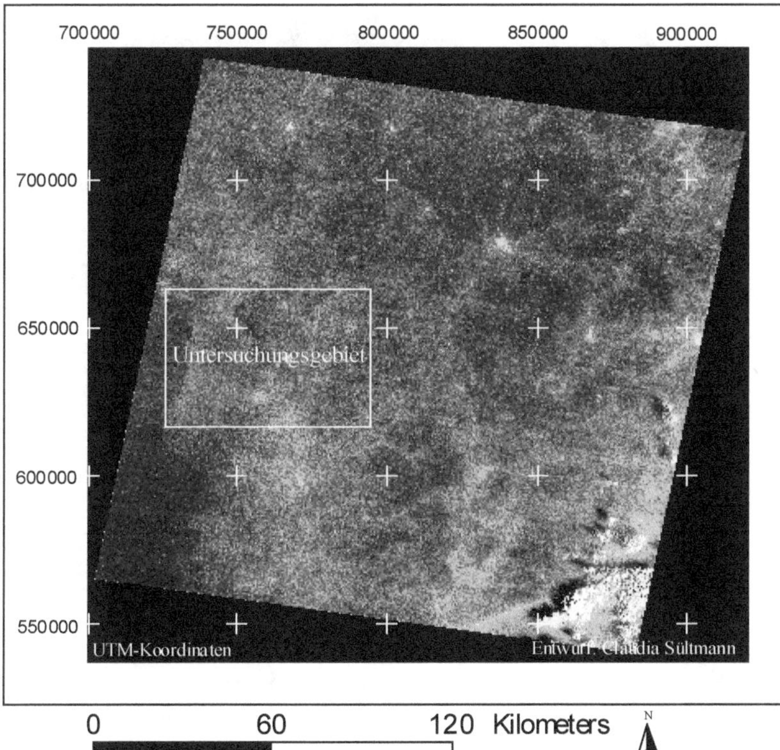

Anhang II: Gesamte Szene vom 16.01.1986 in der Kanalkombination 3-2-1

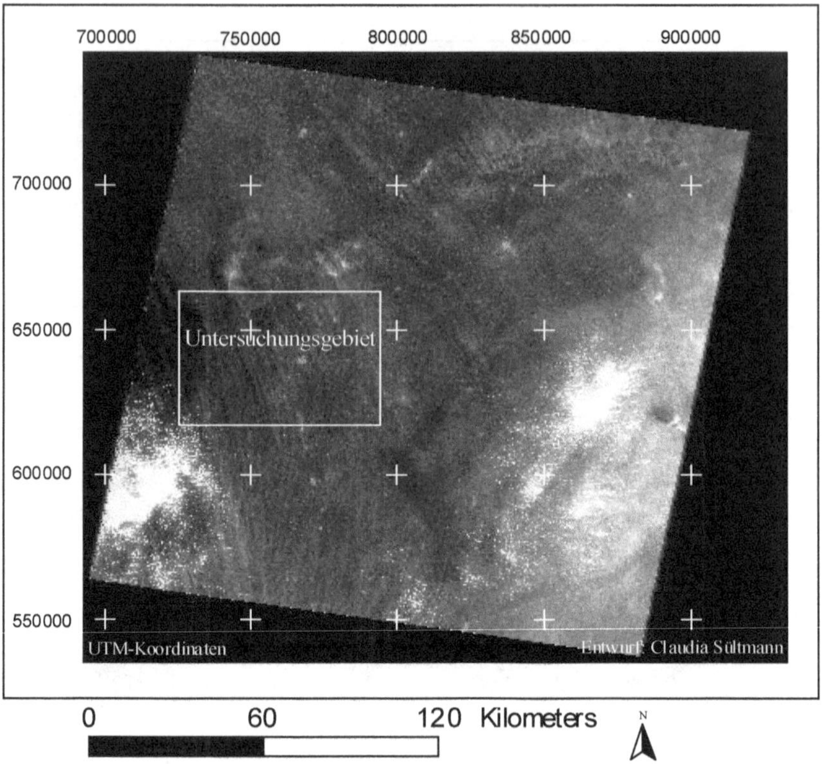

Anhang II: Gesamte Szene vom 18.02.2001 in der Kanalkombination 3-2-1

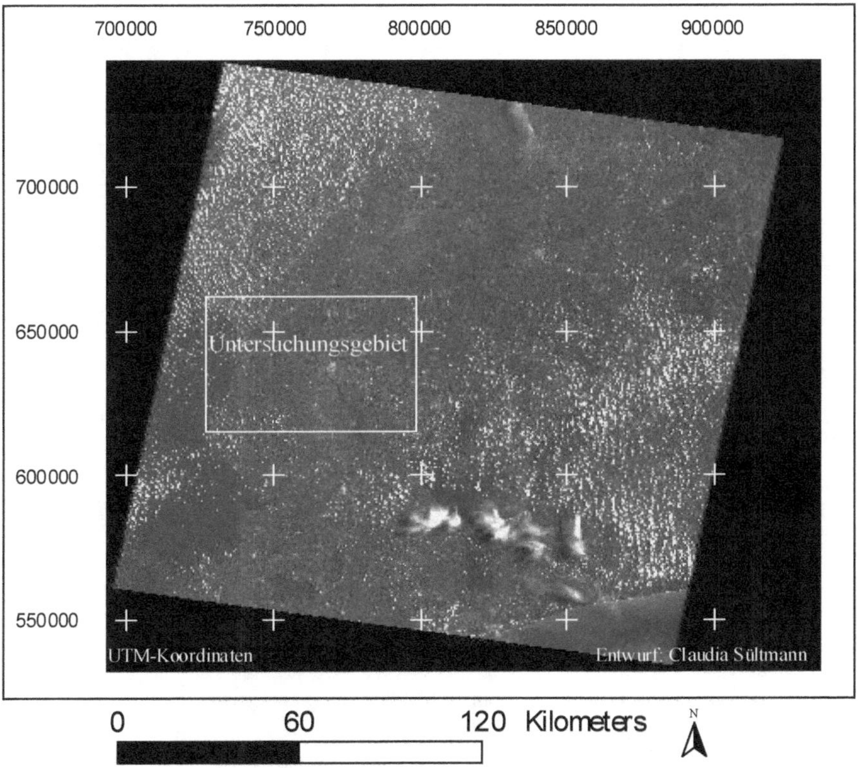

Anhang II: Gesamte Szene vom 23.04.2001 in der Kanalkombination 3-2-1

NDVI - Darstellung des Datensatzes vom 16.01.1986

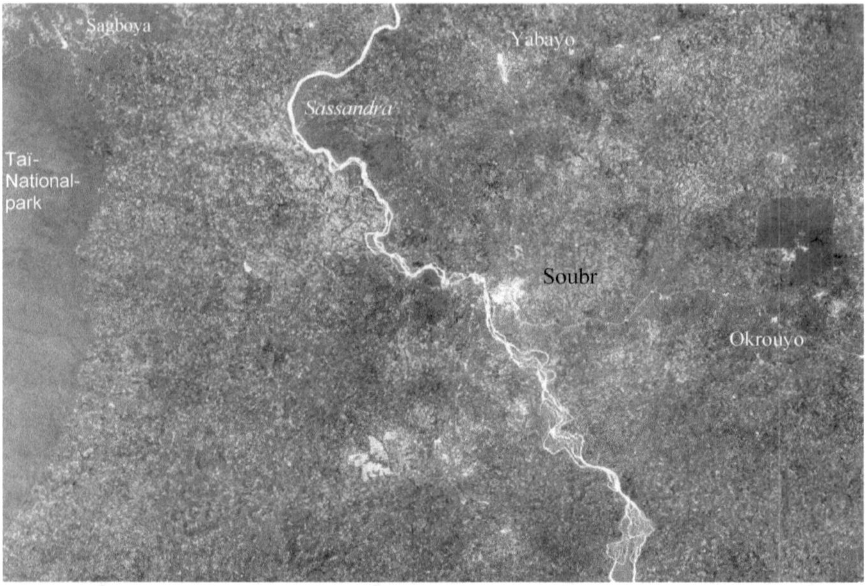

NDVI - Darstellung des Datensatzes vom 18.02.2001

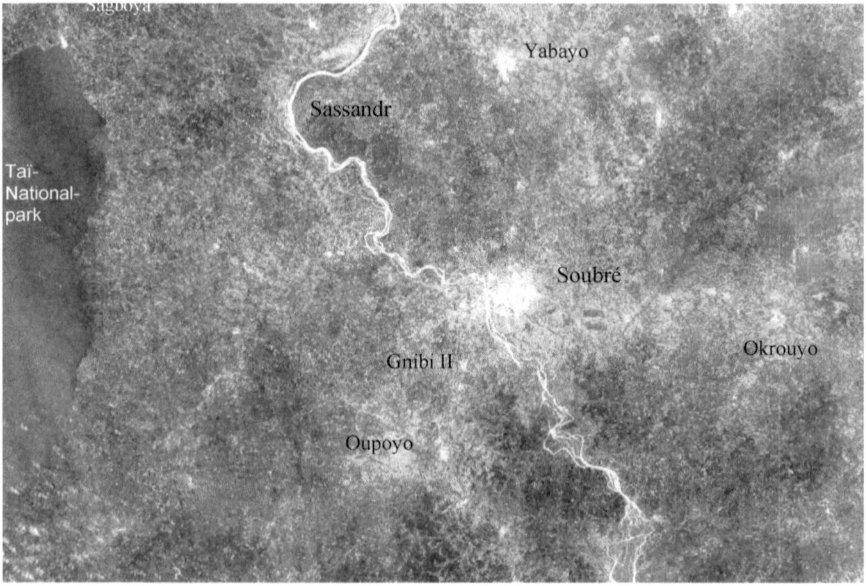

Deskriptive Statistik: Satellitenbildszene 16.01.1986

Kakao / Kaffee

Kanal	Minimum	Maximum	Mean	Stdev
NDVI	95	109	101.10	2.81
5	63	84	72.93	3.72
7	101	109	105.10	1.27
1	21	32	25.73	2.22
2	41	46	43.01	0.79
3	42	48	44.88	1.03
4	60	75	68.29	2.63

Hevea

Kanal	Minimum	Maximum	Mean	Stdev
NDVI	83	97	89.95	2.49
5	74	90	81.18	2.54
7	101	109	105.42	1.27
1	24	35	27.71	1.75
2	41	46	43.63	0.82
3	42	47	44.64	0.93
4	73	88	81.65	3.07

Ölpalme

Kanal	Minimum	Maximum	Mean	Stdev
NDVI	86	95	90.46	1.51
5	59	76	63.87	2.08
7	99	103	103.31	1.44
1	17	27	20.31	1.30
2	40	44	41.62	0.68
3	40	45	42.24	0.82
4	74	83	76.67	1.13

Brache / Mischnutzung 1

Kanal	Minimum	Maximum	Mean	Stdev
NDVI	95	121	113.76	3.68
5	77	125	109.82	6.83
7	104	113	108.50	1.53
1	28	61	48.95	4.71
2	42	48	45.40	1.15
3	45	57	51.29	1.86
4	59	80	63.61	2.36

Brache / Mischnutzung 2

Kanal	Minimum	Maximum	Mean	Stdev
NDVI	94	122	108.50	4.98
5	70	108	91.84	6.16
7	103	113	107.74	1.39
1	26	51	38.34	4.20
2	42	48	44.32	0.97
3	44	57	47.96	1.69
4	53	77	64.85	4.13

Deskriptive Statistik: Satellitenbildszene 16.01.1986

Sekundärwald

Kanal	Minimum	Maximum	Mean	Stdev
NDVI	90	107	97.79	2.71
5	57	74	63.23	2.80
7	99	107	104.11	1.27
1	18	26	21.31	1.43
2	39	43	41.43	0.66
3	40	44	42.20	0.76
4	58	77	67.71	2.78

Primärwald

Kanal	Minimum	Maximum	Mean	Stdev
NDVI	91	107	99.32	2.30
5	50	67	57.81	2.53
7	101	110	105.58	1.27
1	14	23	19.08	1.15
2	40	44	42.00	0.68
3	40	45	42.36	0.83
4	60	75	66.26	2.18

Siedlung

Kanal	Minimum	Maximum	Mean	Stdev
NDVI	109	130	123.57	3.85
5	81	144	116.14	10.08
7	106	118	112.40	2.24
1	35	76	58.93	7.39
2	43	54	48.38	1.84
3	47	70	59.42	4.28
4	57	75	62.99	3.06

Gewässer

Kanal	Minimum	Maximum	Mean	Stdev
NDVI	110	142	132.10	4.52
5	28	59	36.28	4.63
7	100	127	105.20	2.07
1	10	28	14.50	2.34
2	39	59	41.90	1.60
3	41	77	44.14	2.71
4	37	61	41.14	3.58

Deskriptive Statistik: Satellitenbildszene 18.02.2001

Kakao

Kanal	Minimum	Maximum	Mean	Stdev
NDVI	129	142	135.01	2.03
5	80	107	93.48	3.61
7	41	62	50.29	2.99
1	104	112	107.99	1.69
2	82	89	85.65	1.32
3	76	86	80.57	1.88
4	68	76	71.61	1.39

Kaffee

Kanal	Minimum	Maximum	Mean	Stdev
NDVI	138	149	143.12	2.48
5	86	119	95.13	6.28
7	45	80	55.54	5.97
1	102	110	106.39	1.49
2	80	87	83.39	1.40
3	75	89	79.88	2.53
4	60	66	62.49	1.17

Hevea

Kanal	Minimum	Maximum	Mean	Stdev
NDVI	120	137	126.90	2.33
5	80	107	92.56	2.74
7	41	60	47.90	2.53
1	102	112	106.76	1.59
2	81	90	85.31	1.26
3	73	84	78.02	1.69
4	72	85	78.72	2.05

Ölpalme

Kanal	Minimum	Maximum	Mean	Stdev
NDVI	133	145	137.10	1.53
5	69	99	73.65	2.44
7	32	62	38.43	2.39
1	107	117	111.89	1.57
2	84	92	87.96	1.19
3	78	88	82.81	1.56
4	67	74	71.22	0.95

Brache / Mischnutzung

Kanal	Minimum	Maximum	Mean	Stdev
NDVI	131	148	140.96	4.31
5	78	127	110.44	9.26
7	38	84	67.98	9.19
1	103	112	107.12	1.61
2	79	88	84.39	1.31
3	74	87	81.73	2.52
4	61	73	66.26	2.94

Deskriptive Statistik: Satellitenbildszene 18.02.2001

Sekundärwald

Kanal	Minimum	Maximum	Mean	Stdev
NDVI	126	140	132.65	2.15
5	70	98	78.61	4.19
7	35	54	41.10	2.90
1	101	109	104.97	1.51
2	79	84	81.39	1.17
3	71	80	74.78	1.49
4	62	76	69.08	2.00

Primärwald

Kanal	Minimum	Maximum	Mean	Stdev
NDVI	126	138	130.84	2.01
5	60	76	68.82	2.46
7	30	41	35.27	1.68
1	99	109	103.87	1.53
2	76	84	79.16	1.17
3	67	77	71.47	1.53
4	63	75	67.65	1.50

Siedlung

Kanal	Minimum	Maximum	Mean	Stdev
NDVI	138	158	151.33	3.46
5	91	161	122.43	11.90
7	52	122	87.72	11.10
1	106	116	109.91	1.76
2	84	95	89.19	2.08
3	78	108	94.56	5.18
4	61	72	64.77	2.01

Gewässer

Kanal	Minimum	Maximum	Mean	Stdev
NDVI	136	170	156.15	6.38
5	36	122	49.50	9.69
7	20	93	29.76	5.09
1	100	120	107.39	2.10
2	77	102	83.03	1.87
3	69	109	77.41	2.45
4	41	63	49.27	5.32

Unüberwachte Klassifikation der Szene vom 16.01.1986 mit 48 Clustern

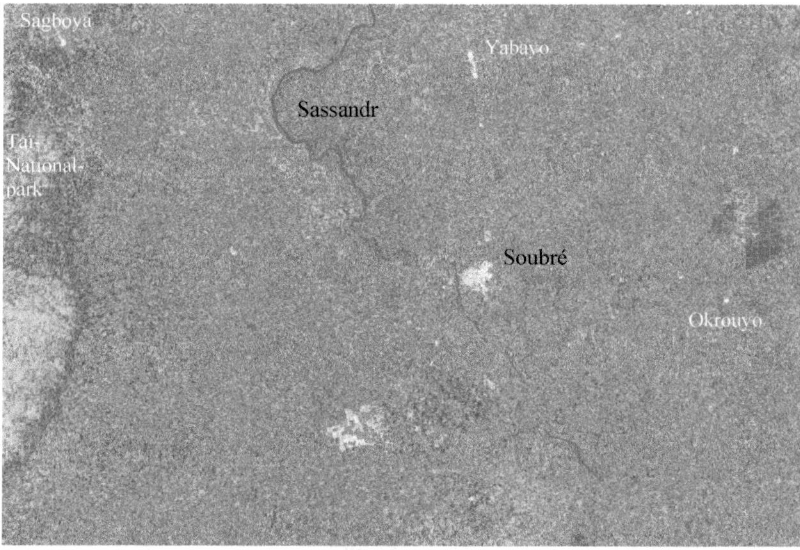

Unüberwachte Klassifikation der Szene vom 18.02.2001 mit 48 Clustern

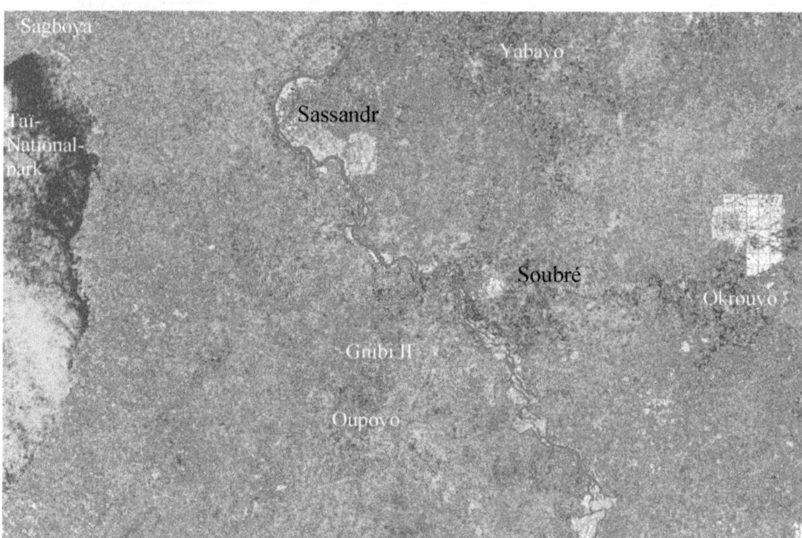

Zusammenfassung der 48 berechneten Cluster der Daten vom 16.01.1986 in 7 Klassen:

Klasse	Clusternummer	Symbol
Kakao / Kaffee	11, 12, 13, 15, 19, 20, 23, 24, 27, 28, 31, 32, 33, 34, 35, 40, 41, 42	
Hevea	14, 17, 18, 21, 22, 25, 43	
Ölpalme	7, 9	
Brache / Mischnutzung	26, 29, 30, 36, 37, 38, 39, 46, 47	
Wald	2, 3, 4, 5, 6, 8, 10, 16, 44	
Siedlungsfläche	48	
Gewässer	1, 45	

Zusammenfassung der 48 berechneten Cluster der Daten vom 18.02.2001 in 7 Klassen:

Klasse	Clusternummer	Symbol
Kakao / Kaffee	10, 13, 14, 16, 17, 18, 19, 20, 21 23, 24, 25, 27, 33, 35, 41, 42, 43	
Hevea	8, 9, 11, 12, 15, 22	
Ölpalme	32, 39	
Brache / Mischnutzung	26, 28, 29, 30, 31, 34, 36, 37, 40, 47	
Wald	2, 3, 4, 5, 6, 7	
Siedlungsfläche	38, 44, 45, 46, 48	
Gewässer	1	

ibidem-Verlag

FSC
www.fsc.org
MIX
Papier | Fördert gute Waldnutzung
FSC® C083411

Zeitfracht Medien GmbH
Ferdinand-Jühlke-Straße 7
99095 Erfurt, Deutschland
produktsicherheit@kolibri360.de